化学反应

CHEMICAL REACTIONS

英国 Brown Bear Books 著
韩世良 译

電子工業出版社
Publishing House of Electronics Industry
北京 • BEIJING

Original Title: CHEMISTRY: CHEMICAL REACTIONS
Copyright © 2020 Brown Bear Books Ltd

Devised and produced by Brown Bear Books Ltd,
Unit 1/D, Leroy House, 436 Essex Road, London
N1 3QP, United Kingdom
Chinese Simplified Character rights arranged through Media Solutions Ltd Tokyo
Japan (info@mediasolutions.jp)

本书中文简体版专有出版权授予电子工业出版社。未经许可，不得以任何方式复制或抄袭本书的任何部分。

版权贸易合同登记号　图字：01-2022-6405

图书在版编目（CIP）数据

化学反应 / 英国 Brown Bear Books 著；韩世良译 . —北京：电子工业出版社，2023.5
（疯狂 STEM. 化学）
ISBN 978-7-121-45229-1

Ⅰ . ①化…　Ⅱ . ①英…　②韩…　Ⅲ . ①化学反应—青少年读物　Ⅳ . ①O643.19-49

中国国家版本馆 CIP 数据核字（2023）第 046033 号

责任编辑：郭景瑶
文字编辑：刘　晓
印　　刷：北京利丰雅高长城印刷有限公司
装　　订：北京利丰雅高长城印刷有限公司
出版发行：电子工业出版社
　　　　　北京市海淀区万寿路 173 信箱　邮编：100036
开　　本：787×1092　1/16　印张：20　字数：608 千字
版　　次：2023 年 5 月第 1 版
印　　次：2023 年 5 月第 1 次印刷
定　　价：188.00 元（全 5 册）

凡所购买电子工业出版社图书有缺损问题，请向购买书店调换。若书店售缺，请与本社发行部联系，联系及邮购电话：（010）88254888，88258888。
质量投诉请发邮件至 zlts@phei.com.cn，盗版侵权举报请发邮件至 dbqq@phei.com.cn。
本书咨询联系方式：（010）88254210，influence@phei.com.cn，微信号：yingxianglibook。

“疯狂 STEM”丛书简介

STEM 是科学（Science）、技术（Technology）、工程（Engineering）、数学（Mathematics）四门学科英文首字母的缩写。STEM 教育就是将科学、技术、工程和数学进行跨学科融合，让孩子们通过项目探究和动手实践，以富有创造性的方式进行学习。

本丛书立足 STEM 教育理念，从五个主要领域（物理、化学、生物、工程和技术、数学）出发，探索 23 个子领域，努力做到全方位、多学科的知识融会贯通，培养孩子们的科学素养，提升孩子们实际动手和解决问题的能力，将科学和理性融于生活。

从神秘的物质世界、奇妙的化学元素、不可思议的微观粒子、令人震撼的生命体到浩瀚的宇宙、唯美的数学、日新月异的技术……本丛书带领孩子们穿越人类认知的历史，沿着时间轴，用科学的眼光看待一切，了解我们赖以生存的世界是如何运转的。

本丛书精美的文字、易读的文风、丰富的信息图、珍贵的照片，让孩子们仿佛置身于浩瀚的科学图书馆。小到小学生，大到高中生，这套书会伴随孩子们成长。

目录

什么是化学反应

是什么把食物变成能量，把煤变成火，把铁变成铁锈？答案是化学反应。我们的周围，甚至我们的身体里无时无刻不在发生着化学反应。

如果没有化学反应，世界将变得完全不同。化学反应是将一种物质变为另一种物质的过程。有些化学反应是自然发生的，如消化食物或铁生锈，有些是人类为了改善生活而制造出来的，例如，通过燃烧煤来取暖或烹饪。

化学反应涉及宇宙的两个基本组成部分——物质和能量之间的转换。物质是科学家对任何占据空间的物体的称呼，比如，岩石、水和空气都是由物质构成的。能量是用来表述做功的能力或以某种方式移动（或重塑）物质的能力，热、光和电都是能量的外在表现。通过化学反应，能量对物质进行重组。

化学与生命

人体的能量来自化学反应。当你吸气时，你会吸入氧气；而当你吃食物时，你的胃会从食物中提取有用的化学物质，如糖。

氧气与你体内的糖反应，产生二氧化碳和水，生物学家称这种化学反应为“呼吸作用”。人体通过这种反应将体内的糖分解为保持身体活力所需的能量，同时将呼吸作用的产物排出体外。而植物则以相反的过程完成化学反应，这个过程被称为“光合作用”。光合作用能够使植物吸收二氧化碳和水，并利用阳光中的能量产生氧气和糖。

物质内部

地球上的所有物质都是由元素构成的，所有元素又都是由原子构成的。由于原子仍然具有元素的相关特性，而组成原子的更小粒子则不再具有元素宏观效应，因此我们将原子视为元素的最小组成部分。化学家用包含一个或两个字母的符号来表示每种元素。

原子经常以简单的组合形式出现。原子按照一定的键合顺序和空间排列而结合形成的整体，被称为“分子”。一种纯净物只由一种分子组成，它由能够显示每种元素包含多少个原子的化学式来描述。最简单的分子是氢分子（H_2），通过H_2这个化学式，我们可以看到，该分子包含两个氢（H）原子。水的化学式是H_2O，显示水分子是由两个氢（H）原子与一个氧（O）原子相连构成的。

所有的化学反应都涉及变化。燃烧就是将煤或石油等化学物质转化为其他物质的一种方式。这个过程释放出的能量可用于驱动发动机或提供热量。

质量守恒定律

化学反应中参与反应的物质被称为“反应物”，所产生的新物质被称为“生成物”。大量实验证明，参加化学反应的各物质（反应物）的质量总和，等于反应后生成的各物质（生成物）的质量总和，这个规律被称为“质量守恒定律”。

为什么在发生化学反应前后，各物质的质量总和相等呢？这是因为化学反应的过程，就是参加反应的各物质（反应物）的原子重新组合而生成其他物质（生成物）的过程。在化学反应中，反应前后原子的种类没有改变，数目没有增减，原子的质量也没有变化。

质量守恒定律是自然界客观存在的规律，它揭示了化学反应过程中反应物和生成物之间的质量关系。

亚原子粒子

组成原子的粒子也参与了化学反应，这些粒子被称为“亚原子粒子”。原子是由处于原子中心的原子核和围绕原子核做圆周运动的电子组成的。原子核是一个带正电荷的球体，由质子和不带电的中性粒子——中子共同构成。

由于同性相吸，异性相斥，比质子质量小得多的带负电荷的电子围绕带正电荷的原子核运动。原子通过电子与其他原子形成新的化学键。原子间电子的相互作用决定了两个或更多的原子会形成何种化学键。在化学反应过程中，一些原子之间原有的化学键被破坏，另一些原子之间建立了新的化学键，宏观表现为不同元素的原子结合产生了新物质，这种新物质也被称作“化合物”。化合物的外观往往与产生它们的反应物非常不同，例如，能够制成钻石或石墨，也可以用作铅笔芯的碳，与看不见的氢和氧，可以形成许多被称为“碳水化合物”的化合物，比如糖。

内能

能量是化学反应的一个重要部分。化学键的断裂和形成伴随着能量的吸收和释放。热能是化学反应中经常涉及的一种能量，有些化

日常化学

化学家已经通过化学反应制造出了无数的产品，这些产品我们每天都在使用，看看你的周围，你会发现化学反应无处不在。比如，由不同类型的化学链构成的塑料，由脂肪物质通过化学反应制成的肥皂和牙膏，等等。

洗洁精就是利用化学反应将需要清洗的油脂溶解来达到清洁目的的。

学反应会吸收热能，有些化学反应会释放热能，比如燃烧燃料。

元素组合

当化合物发生化学反应时，原子之间的化学键在能量作用下重新排列，例如，在 AB + C → A + BC 这个化学反应过程中，AB 化合物和 C 是反应物，A 和 BC 化合物是生成物，在反应过程中，A 和 B 之间的化学键断裂，B 和 C 之间重新建立了化学键。

在这个反应中，旧化学键断裂，新化学键形成，原子本身并没有改变，如示例中的 A 并没有变成 D，该化学反应只是改变了不同元素间的连接方式。

元素周期表

元素周期表是一个可以提供单个元素和元素组信息的周期表。垂直列被称为“元素组”或“族”。每个族的元素通常以相同的方式反应，而且具有类似的属性，例如，周

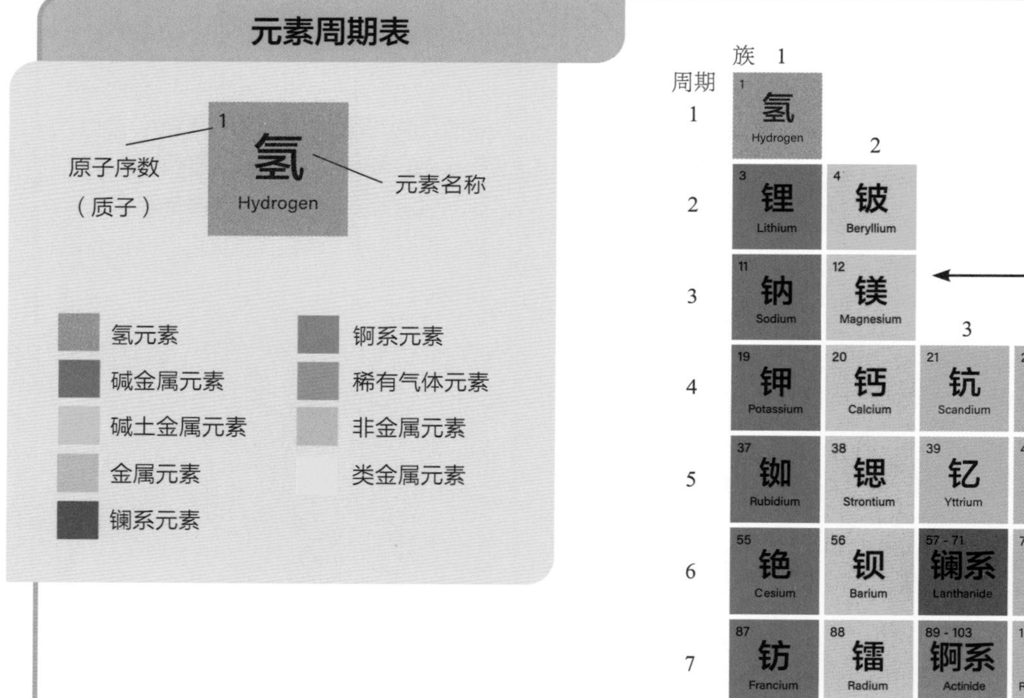

期表最左边的一列非常活跃的元素（氢元素除外），如钠和钾，被统称为“碱金属”。化学家只需查阅元素周期表便可了解每个元素的特性。

科学词汇

原子： 化学反应中不可再分的基本微粒。

化学反应： 原子重新排列组合生成新物质的过程。

元素： 具有相同核电荷数（质子数）的同一类原子的总称。

化学键： 分子中原子之间存在的一种把原子结合成分子的相互作用，大致上有离子键、共价键、金属键三种。

过渡金属 →

8	9	10	11	12	13	14	15	16	17	18
										2 氦 Helium
					5 硼 Boron	6 碳 Carbon	7 氮 Nitrogen	8 氧 Oxygen	9 氟 Fluorine	10 氖 Neon
					13 铝 Aluminum	14 硅 Silicon	15 磷 Phosphorus	16 硫 Sulfur	17 氯 Chlorine	18 氩 Argon
26 铁 Iron	27 钴 Cobalt	28 镍 Nickel	29 铜 Copper	30 锌 Zinc	31 镓 Gallium	32 锗 Germanium	33 砷 Arsenic	34 硒 Selenium	35 溴 Bromine	36 氪 Krypton
44 钌 Ruthenium	45 铑 Rhodium	46 钯 Palladium	47 银 Silver	48 镉 Cadmium	49 铟 Indium	50 锡 Tin	51 锑 Antimony	52 碲 Tellurium	53 碘 Iodine	54 氙 Xenon
76 锇 Osmium	77 铱 Iridium	78 铂 Platinum	79 金 Gold	80 汞 Mercury	81 铊 Thallium	82 铅 Lead	83 铋 Bismuth	84 钋 Polonium	85 砹 Astatine	86 氡 Radon
108 𬭶 Hassium	109 鿏 Meitnerium	110 𫟼 Darmstadtium	111 𬬭 Roentgenium	112 鿔 Copernicium	113 鿭 Nihonium	114 𫓧 Flerovium	115 镆 Moscovium	116 𫟷 Livermorium	117 鿬 Tennessine	118 鿫 Oganesson

62 钐 Samarium	63 铕 Europium	64 钆 Gadolinium	65 铽 Terbium	66 镝 Dysprosium	67 钬 Holmium	68 铒 Erbium	69 铥 Thulium	70 镱 Ytterbium	71 镥 Lutetium
94 钚 Plutonium	95 镅 Americium	96 锔 Curium	97 锫 Berkelium	98 锎 Californium	99 锿 Einsteinium	100 镄 Fermium	101 钔 Mendelevium	102 锘 Nobelium	103 铹 Lawrencium

化学键

化学键允许原子以不同的组合结合在一起，原子中电子的数量和位置决定了原子之间的化学键如何形成。

原子提供、吸收或共享电子时，就会形成化学键。化学键有三种类型：离子键、共价键和金属键。原子中拥有多少个电子，以及电子在其中是如何排列的，决定了原子之间形成何种类型的化学键。

电子位置

影响原子形成化学键的一个因素就是原子中电子的位置。科学家用两种模型来解释电子在原子中的位置——玻尔模型和量子力学模型。

玻尔模型描述了电子围绕原子核运行，就像行星围绕太阳运行一样，原子核带正电荷，电子携带负电荷，电子被原子核吸引从而围绕原子核做圆周运动。用这种原子模型描述非常简单的原子，如氢原子时，效果很好。但如果需要更准确地描述复杂原子的组合方式，量子力学模型就比玻尔模型更有效。量子力学模型是一种更加现代和数学化的方式。该模型指出，电子住在被称为“电子云”的空间之中，我们不能确切地知道每个电子在哪里，或者它在电子云中移动的速度有多快，但可以计算出它们的平均位置。

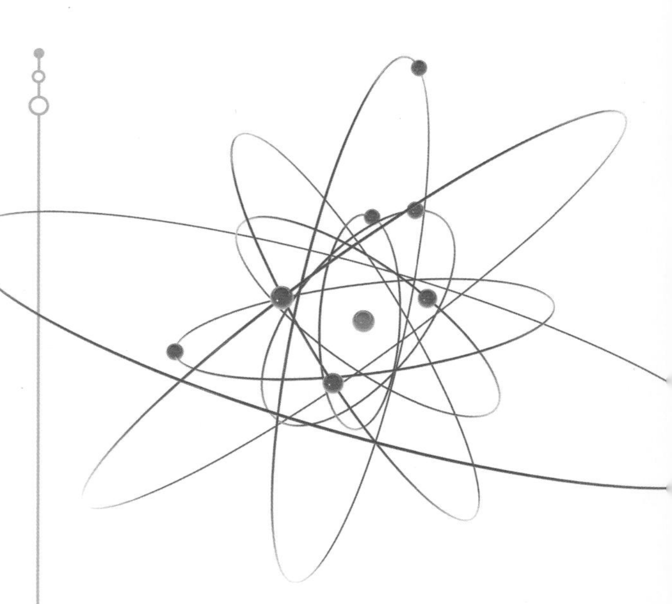

一个原子的原子核包含了原子的大部分物质，电子围绕原子核运动，是参与化学反应的粒子。

科学词汇

金属： 金属元素的原子只有几个外层电子，是一种坚硬但有弹性的导体。

类金属： 一种同时具有金属和非金属特性的元素。

非金属： 非金属元素的原子往往有更多外层电子，大多数是绝缘体。

能层和能级

1920年，玻尔在他提出的原子模型基础上，提出了构造原理，即从氢开始，随着核电荷数的递增，新增电子填入原子核外“壳层”的顺序。后来，玻尔的“壳层”被落实为能层与能级。

原子核外的电子按照能量不同分成能层。能层越高，电子的能量越高。原子可以有多个能层，最接近原子核的能层只能容纳两个电子，之后可容纳的最多电子数分别为8个、18个、32个、50个……

同一能层的电子，还被分成了不同能级。能级决定了一个电子参与化学反应和形成化学键的可能性，在离原子核最远的能层上的电子能级最低，与原子核间的引力最弱，因此最有可能参与化学反应。

电子数

影响原子如何形成化学键和如何参与化学反应的另一个因素是原子中电子的数量。当一个原子的能层中充满电子时，它是最稳定的（无反应），此时的原子不会轻易提供、吸收或共享电子，因此该原子也不会参与化学反应和形成化学键。

电子会首先充满最靠近原子核的能层，该能层只能容纳两个电子，如氦原子有两个电子，这些电子填充满了最内部能层，这种情况下氦原子不提供、吸收或共享电子，因此其化学性质很稳定。

较大的原子有两个或更多的能层，外部能层（最外电子壳层）需要填充8个电子才能使原子变得稳定，这种现象也被称为“八电子规则”。正是因为存在这一规则，原子间才会发生相互反应，直到原子恢复到稳定态。非稳定态的原子是充满活性的，它会提供、吸收或共享电子，参与化学反应来恢复稳定态。在该能层上只有一个电子的原子会很容易把电子送出去，而有6个或7个电子的原子则很容易吸收电子来填充该能层。当原子提供、吸收或共享电子时，它们之间就会形成化学键，化学键被打破和建立的过程，就是创造新物质的过程，也就是化学反应的过程。

原子和化学键

原子核中质子携带的正电荷与原子核周围轨道上电子携带的负电荷是平衡的，因此原子并不显电性。由于电子所处的位置和数量，一些原子比其他原子更容易形成化学键。根据成键的能力，元素可以分为3种基本类型：金属元素、非金属元素和类金属元素。

金属元素原子外部能层（最外电子壳层）上只有少数几个电子，其在化学反应中往往会失去电子。大多数元素是金属元素，它们拥有一些共同的特性，如表现为固体形态、有光泽、能导电。一块坚固的金属包含许多自由移动的电子，这一特性使金属常被用来制作导电的电线和电缆。

非金属则与金属相反。非金属元素的原子在化学反应中往往会获得电子。非金属元素往往没有固定的外在形态，可以是液体、气体或固体，它们缺乏自由移动的电子，因此不易导电；常常被当作绝缘材料。类金属是半导体，根据外在条件的变化可以从绝缘体变为导体。

一个原子保持其电子并从另一个原子处吸引电子的能力被称为“电负性”。金属原子只有少数几个外层电子，这些电子很容

约翰·道尔顿

英国化学家约翰·道尔顿（1766—1844）因其原子理论而闻名，他提出的原子理论解释了原子行为方式的基本规则，其中的4条至今仍然有效：1. 所有物质都是由原子组成的；2. 一个元素中的所有原子都是一样的；3. 原子结合形成化合物；4. 原子在化学反应中重新排列。他提出的原子理论中的最后一条规则已被推翻，他认为原子是不能分割的最小微粒，而现代科学已经证实，原子是由更小的粒子——原子核和电子——组成的。

试一试

生锈的铁钉

将铁钉放在一个罐子里，加水直到水完全覆盖铁钉，然后再加入两勺盐，最后把罐子的盖子盖上放置大约一个小时。你看到了什么？

一个化学反应正在发生：

铁 + 氧 → 氧化铁

在盐和水的帮助下，铁原子和氧原子之间形成了新的离子键，于是产生了一种看起来像是指甲上暗红色斑点的氧化铁，也就是我们所说的铁锈。

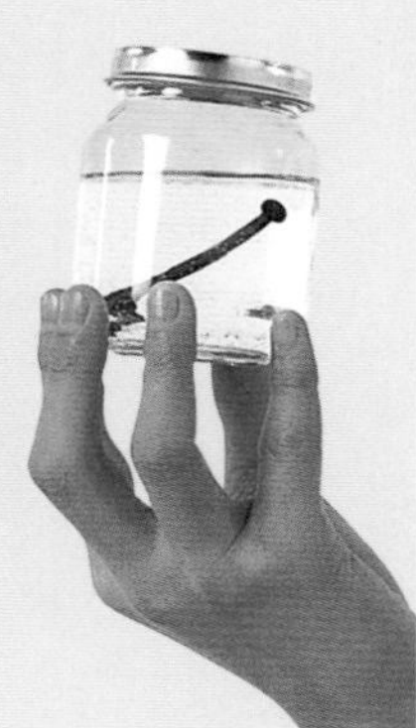

当处于潮湿环境中时，铁与氧气发生反应，形成暗红色的氧化铁，也被称作“铁锈”。

易被其他原子吸引，因此金属元素原子的电负性比非金属元素原子的电负性小得多。

离子键

在化学反应中，原子可以形成3种类型的化学键：离子键、共价键或金属键。当一个金属元素的原子向一个非金属元素的原子提供一个电子时，它们之间就会形成一个离子键。提供电子的原子失去了电子，自身带上了正电荷，而获得电子的原子带上了负电荷。化学家把以这种方式带电的原子称为“离子”。带正电荷的离子是阳离子，带负电荷的离子是阴离子。阳离子和阴离子会相互吸引，从而形成一个离子键，通过这种方式形成的化合物被称为“离子化合物”。

常见的离子化合物是钠（Na）与氯（Cl）结合形成的食盐（NaCl）。钠是一种外观呈银色的导电金属元素，一个钠原子可以提供一个电子，氯是一种非金属元素，一个氯原子可以吸收一个电子使得它的八边形结构变得更稳定。

把钠和氯放在一个容器中，钠会失去电子，成为阳离子（Na^+），氯会吸收电子，成为阴离子（Cl^-）。Na^+与Cl^-结合，便会形成NaCl（氯化钠），即我们平常使用的食盐。

所有离子分子都是由阳离子和阴离子结合形成的。这种类型的分子都有一个带正电荷的极和一个带负电荷的极，每个极都被不同分子上另一个带相反电荷的极所吸引，因此，离子往往以有规律的模式连接在一起形成晶体。由于这种类型的分子都被它周围的其他分子牢牢地固定住，所以离子晶体往往是坚硬的固体，不容易弯曲或破裂。

由于离子之间的吸引力很强，所以需要很多能量才能将这种类型的分子分开。加热固体，提供足够的能量，将这种类型的分子拉开，此时，固体将变成液体。这种能够使物质熔化的温度称为该物质的“熔点”。如果进一步加热，使得这种类型的分子分离得更远，那么液体将会变为气体，这时的温度被称为该物质的“沸点”。所以，离子化合物往往具有较高的熔点和沸点。

当离子化合物溶于水时，离子会分离并自由漂浮在水中，这些漂浮的离子可以携带电荷，因此溶解或熔化时可以导电也是离子化合物的另一个共同特性。

共价键

当两个非金属元素的原子因分享它们的电子而变得稳定时，它们之间就会形成共价键。这种分享并不是一个电子进入另一个原子的外层，而是两个原子的外层重叠。像这样“抱在一起”的一组原子就被称为“共价分子”。最简单的共价分子是由氢（H）原子形成的。氢原子有一个电子，它只需要两个电子（而非8个）就能变得稳定。一个氢原子与另一个氢原子共享电子，就形成了一个氢分子（H_2）。其他6种元素的原子也以类似方式形成分子：氧（O）、氮（N）、氟（F）、氯（Cl）、溴（Br）和碘（I）。

因为所有的共价键都涉及电子的共享，所以共价化合物往往具有类似的特性。共价化合物的晶体可分为两种类型，第一种类似于离子晶体，它们的原子是通过强键相互连接起来的，互相之间有很强的结合网络，因此可以形成坚硬的晶体。钻石就是这种类型的晶体，它是由碳（C）元素构成的，是目前已知的世界上最硬的物质。二氧化硅（SiO_2），也就是沙子和石英的学名，与钻石一样，都具有很高的熔点和沸点。

沙子（二氧化硅）和水是地球表面常见的两种共价化合物。然而，二氧化硅形成了坚硬的晶体，而水是一种液体。

另外一种类型的共价化合物，其分子

电子点位

化学家通过一种示意图来展示原子如何形成化学键。从图中可以看到，原子核被多层电子所包围，在化学反应中，电子在原子之间移动或被两个原子共享。下图显示了电子如何从一个钠原子外层移动到一个氯原子外层从而形成钠离子和氯离子的过程，这些离子最终结合在一起，生成了氯化钠，即我们说的食盐。

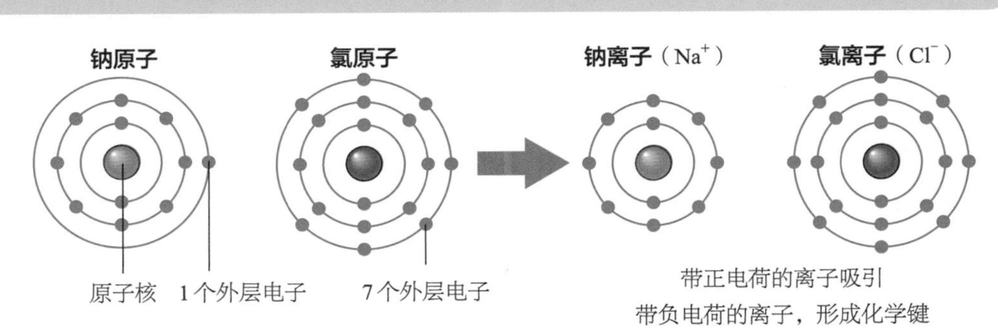

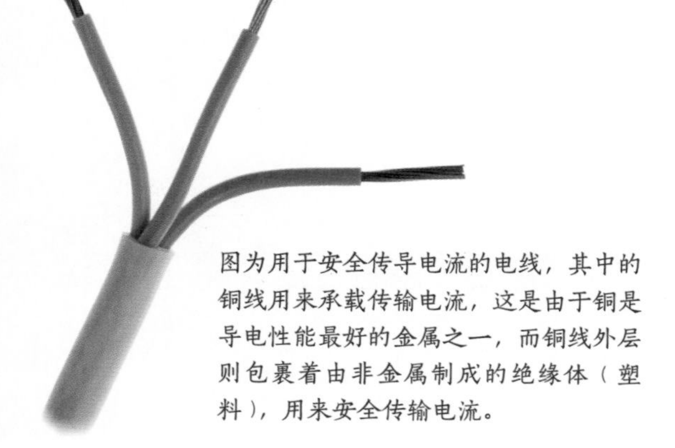

图为用于安全传导电流的电线，其中的铜线用来承载传输电流，这是由于铜是导电性能最好的金属之一，而铜线外层则包裹着由非金属制成的绝缘体（塑料），用来安全传输电流。

内部没有形成强的结合网络，相反只有在被称作“范德瓦耳斯力”（分子间作用力）作用下形成的分子链接。由于范德瓦耳斯力非常弱，因此这种共价化合物只有在非常低的温度下才会是固体，在常温下，则为气体或液体。例如，二氧化碳（CO_2）通常是一种气体，只有在非常低的温度下才会形成晶体。由于电子在共价化合物中是被共享的，因此共价化合物中没有可自由移动的电子来传导电或热，因此共价化合物往往是良好的绝缘体。

含有碳和氢的共价化合物被称为“有机化合物”。之所以称其为“有机化合物”，是因为这类化合物最初是在生物体内产生的。这类化合物在接触氧气（O_2）时容易燃烧，因此也常被用作燃料。例如，汽油就是几种有机化合物的混合物。

金属键

金属通常是坚硬的固体，但也有很好的韧性，正是原子间金属键的存在才使得金属具有了这些特性。当金属元素的原子共享电子云时，它们之间就会形成金属键。在共价键中，电子是被共享的，但仍与原来的原

同分异构体

化合物 C_3H_8O 的分子有 3 种排列形式。这种具有相同分子式但结构不同的化合物，被称为“同分异构体”，这些同分异构体具有不同的化学性质，其中的两种是醇，另一种是醚。

正丙醇

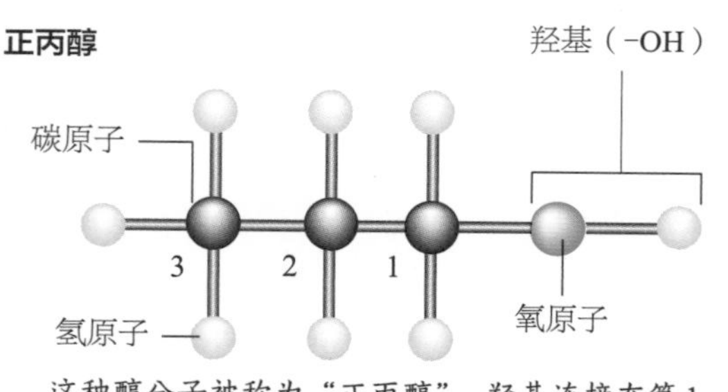

这种醇分子被称为“正丙醇”。羟基连接在第 1 个碳（1）原子上。

异丙醇

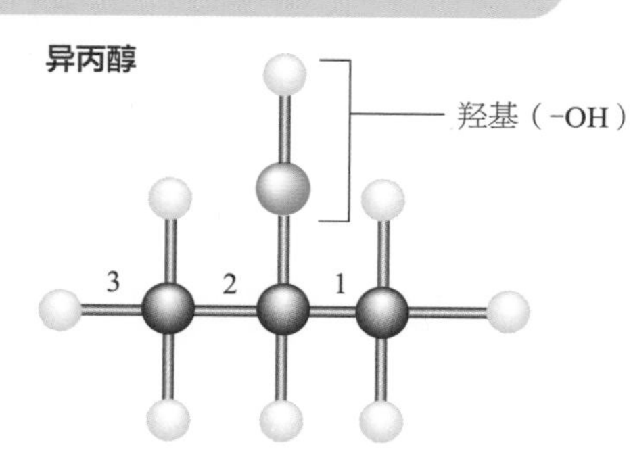

这种醇分子被称为“异丙醇”，因为羟基与第 2 个碳（2）原子结合。

甲乙醚

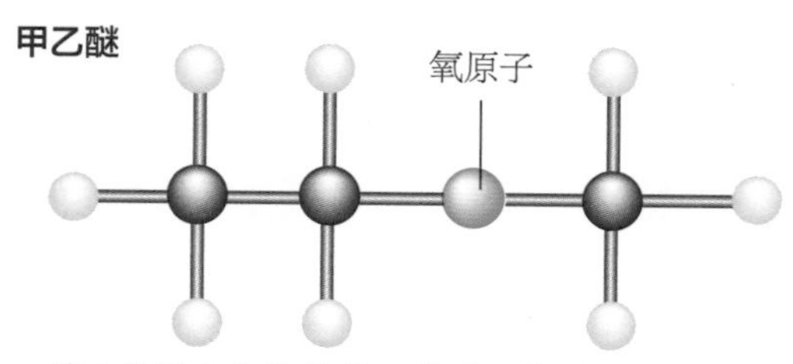

第 3 种同分异构体是一种醚。氧原子与两个碳原子结合。

子核结合，而金属键中的电子则可以自由移动，金属中所有的原子都放弃了它们的外层电子，这就构成了一个带负电荷的电子云。金属就是由带正电荷的原子核与带负电荷的电子云共同构成的，比如，银就是由银原子与共有化的电子云组成的。

正是这种金属键才使金属元素的原子紧密地结合在一起。尽管金属键使大多数金属成为坚硬的固体，但它们也允许内部的原子相互移动，这一特性使得金属具有延展性和可塑性。延展性使得固体可以被拉伸成细条状，也可被压制成扁平状，而可塑性则使金属能在重塑时不断裂。

同分异构体

具有相同分子式但结构不同的化合物被称为“同分异构体”。了解同分异构体对于分析化学反应来说是很重要的，我们可以以化学式为 C_3H_8O 的有机化合物为例来说明。

这种分子有3种形式（见第14页），其中两种是被称为“丙醇”的醇。醇是一组有机化合物，其中除被称为“乙醇”的醇外，其他的醇都有毒。在丙醇分子中，碳原子与氢原子结合，氧原子与3个碳原子中的任意一个结合，氢原子和氧原子一起形成一个羟基（-OH）。

所有的醇都含有一个在化学反应中起作用的羟基。C_3H_8O 分子的两种同分异构体，分别被称为“正丙醇”和“异丙醇”。在第3种同分异构体中，氧原子处在两个碳原子中间，形成了一种叫作“甲乙醚”的醚，这种化合物不属于醇，反应方式也与醇不同。

试一试

移动金属

用砂纸打磨一枚五角钱硬币的边缘，使其外层的铜被磨掉，露出下面的锌。首先，将这枚硬币放在500毫升醋中浸泡1小时，取出备用。然后，在醋中加入50克盐和60克糖，用鳄鱼夹将电线与打磨过的五角钱硬币和另一枚崭新的五角钱硬币分别连起来，再将两枚硬币都放入醋中，二者不要发生接触。最后，将与崭新的五角钱硬币连接的电线的另一端连接到一个电池的负极上，与打磨过的五角钱硬币连接的电线的另一端连接到这个电池的正极上。10分钟后，崭新的五角钱硬币表面就会被一层银色的锌涂层覆盖。

这个实验揭示了电镀的原理。实验中，电破坏了打磨过的五角钱硬币上铜和锌之间的金属键，醋、盐和糖帮助锌从带正电荷的硬币移到带负电荷的硬币上。

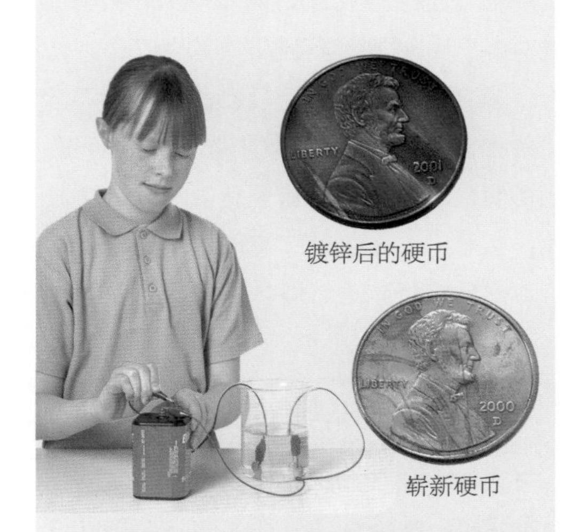

电子通过醋、盐和糖的混合物在两枚硬币之间流动，锌被电流从打磨过的硬币带到另一枚崭新硬币上，然后在崭新硬币上形成了一层非常薄的银色涂层。

反应的类型

化学家根据化学键的断裂或形成对化学反应进行分类，并将这些不同的化学反应用化学方程式描述出来。

原子之间发生化学反应，就会形成新的化学键，然后产生新的物质。反应物如何变化生成生成物决定了化学反应属于何种类型。化学家命名了每种类型的化学反应，其中主要的5种是化合反应、分解反应、置换反应、氧化还原反应和燃烧反应。要注意的是，一个化学过程可能同时包含多种类型的化学反应。另外，还有一些元素参与了核反应，核反应与化学反应不同，因为核反应不是通过化学键的重构来形成新物质的，它是通过改变原子，将一种元素变为另一种元素的反应过程。

化合反应

当两种或更多的反应物结合形成一种新物质时，就发生了化合反应，即A+B→AB。在有多个反应物参与反应的复杂情况下，化合反应常常会形成一个以上的生成物。常见的化合物，如水、二氧化碳（CO_2）和普通的食盐（NaCl），都是化合反应的生成物。当碳（C）燃烧时，氧气（O_2）与碳结合，产生二氧化碳气体和一些热量，这一过程中不仅发生了化合反应，也发生了燃烧反应和氧化还原反应，该过程可用以下式子来表示：

$$C + O_2 \rightarrow CO_2$$

科学词汇

不溶物： 不能溶解的物质。

沉淀物： 两个溶解的化合物之间发生的双置换反应形成的不溶性固体。

溶质： 溶解在溶剂中的物质。

溶剂： 溶解溶质的液体。

分解反应

分解反应与化合反应正好相反，它是由一种单一化合物生成两种或两种以上其他物质的化学反应，即AB → A + B。

当你打开一罐苏打水时，里面出现的气泡就是由分解反应生成的二氧化碳形成的。苏打水中含有溶于水的碳酸（H_2CO_3），碳酸在高压下被挤压到苏打水罐内，当罐子

化学反应涉及各种状态的反应物和生成物。例如，液体通过化学反应可以产生气体。

被打开时，里面的压力得到释放，溶于水的碳酸便会分解，形成水和二氧化碳气体，这使得苏打水喝起来有清爽的味道。该分解反应可用以下式子表示：

$$H_2CO_3 \rightarrow H_2O + CO_2$$

置换反应

一种单质代替化合物中的某一原子或原子团，形成另一种单质和新化合物的反应，被称为“置换反应”，它可表示为：A + BC → AB + C。化学家将置换反应分为两种类型：单置换反应和双置换反应。

单置换反应指反应中进行置换的原子是单一元素，而双置换反应则常常在溶液中发生，这里的溶液是指固体被均匀地分散在液体中并溶解的一种混合物，例如，海水就是一种盐的溶液。

双置换反应常表现为沉淀反应或中和反应。沉淀反应生成的生成物中有不能溶解到溶液中并会最终沉淀到溶液底部的固体。中和反应生成的生成物中总有一个生成物是水，参与中和反应的化合物又被称为“酸”和“碱”。酸是含有氢离子（H^+）的化合物，碱是含有氢氧根离子（OH^-）的化合物，当酸和碱发生中和反应时，它们形成水和另外一种化合物，这种化合物既不是酸，也不是碱，因此被称作“中性化合物”。你可以尝试在家用的洗洁精（含有碱，NH_4OH）中加入醋（一种酸，CH_3CO_2H），此时就会发生中和反应，醋的 H^+ 和洗洁精中的 OH^- 结合形成水（H_2O），NH_4^+与醋的 $CH_3CO_2^-$ 结合，形成了中性化合物——乙醇酸铵（$NH_4CH_3CO_2$）。

罗伯特·波义耳

罗伯特·波义耳（1627—1691）被认为是化学科学的“开山祖师”，他的工作帮助后来的化学家弄清了在化学反应过程中究竟会发生什么。他出生在爱尔兰，成年后生活在英国，他对化学产生研究的兴趣源于他希望找到一种方法可以将普通金属变成黄金。虽然最终他失败了，但在这个过程中他学到了很多东西。1661 年，波义耳出版了《怀疑的化学家》一书。他在书中提出，物质是由许多元素组成的，而在此之前，人们认为世间仅有的元素就是土、风、水和火。波义耳还展示了气体在被加热和被挤压时如何发生变化、热的气体比冷的气体占据更多空间，而当一种气体被挤压时，它将变得更热，这种关系也被称为“波义耳定律”，该定律帮助后来的化学家了解了气体是由什么组成的。

氧化还原反应

电子从其中一个反应物移动到另一个反应物上时，就会发生氧化还原反应。化合反应、燃烧反应和单置换反应也被视为氧化还原反应。每个氧化还原反应都包括两个同时发生的独立反应：在一个反应中，一个化合物获得了电子，获得电子的分子被还原了；而在另一个反应中，一个化合物失去了电子，我们说失去电子的分子被氧化了。氢气（H_2）的燃烧就是一个氧化还原反应，其中的两个反应过程可以用下面的表达式来表示：

$$2H_2 \rightarrow 4H^+ + 4\text{个电子}$$

$$O_2 + 4\text{个电子} \rightarrow 2O^{2-}$$

这两个反应合并起来就可以表示为：

试一试

酸性测试

化学家使用一种叫作“指示剂”的物质来测试某物是酸还是碱。指示剂遇到酸或碱时，会改变颜色，你可以尝试用紫甘蓝来做指示剂。

将一整颗紫甘蓝切成碎片，然后将这些碎片放入水中煮30分钟，煮沸的紫甘蓝会使水变成红色，等待水自然冷却后，用筛子（滤网）小心地把紫甘蓝从水中捞出来。

将剩下的红水倒入两个玻璃瓶中，在其中一个瓶中加入一小勺小苏打（碱），然后搅拌，观察其中的颜色变化；在另外一个瓶里加入一小勺醋（酸），观察颜色的变化。你还可以试着加入其他物质，看看它们是酸还是碱。

煮沸的紫甘蓝会向水中释放一种叫作“花青素”的物质，花青素的颜色取决于混合物中有多少个氢离子，酸携带着许多氢离子，而碱没有携带任何氢离子。

$$2H_2 + O_2 \rightarrow 2H_2O$$

氢（H）原子将其电子给了氧（O）原子，自身被氧化；氧原子从氢原子那里获得了电子，自身被还原。

燃烧反应

燃烧反应是一种化合物与氧化剂（如氧气、氟气）发生的放热反应，通常伴有火焰、发光和（或）发烟现象。常用来参与燃烧反应的反应物是被称为“碳氢化合物”的化合物。之所以称其为“碳氢化合物”，是因为它们是由碳和氢组成的，例如，丙烷（C_3H_8）气体在燃气灶中燃烧，产生热量来烹饪食物。

酸和碱

指示剂的颜色取决于有多少氢离子存在，化学家用pH值（氢离子浓度指数）来衡量溶液中氢离子的数量。pH值低的溶液中含有大量的氢离子，pH值高的溶液中有大量的氢氧根离子，因此酸的pH值低，碱的pH值高。当OH^-和H^+相遇时，它们会结合形成水（H_2O），水是中性的，它的pH值为7。任何pH值小于7的东西都是酸性的，pH值大于7的东西都是碱性的。

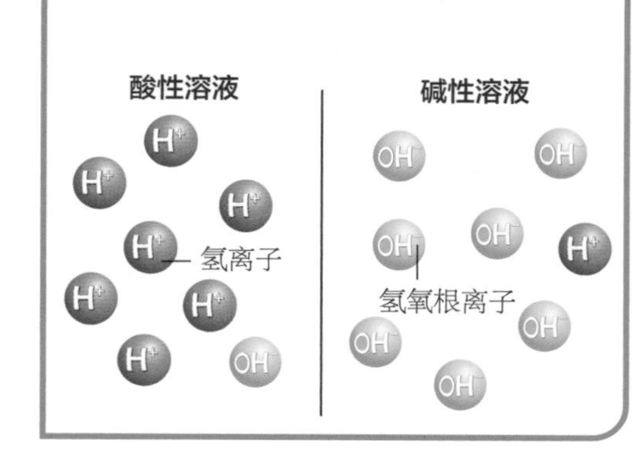

用作燃料的碳氢化合物一般是从石油和天然气中提取的，由于它们是数百万年前沉积在岩层中的植物和其他生物的遗骸形成的，因此它们也被称为“化石燃料”。

化学方程式

用文字表示化学反应很麻烦，化学家常用化学方程式来表示化学反应。化学方程式可以写得很简单，只包含化学反应发生的最必要的信息，也可以写得很详细，提供更多关于化学反应的信息。

举个简单的例子，两个氢原子结合形成氢原子，用简单的化学方程式表示就是：$H + H = H_2$。

更详细的化学方程式可以包括其他符号、字母和数字，这些符号、字母和数字可以帮助人们了解化学反应的深层信息。例如，一个垂直向上的箭头表示该生成物是一种气体，二氧化碳气体是几个分解反应的生成物，其表示方法是这样的：$CO_2\uparrow$；一个垂直向下的箭头表示该生成物将形成一种沉淀物并沉入溶液底部，例如，常在置换反应中沉淀的金属银（Ag），可以表示为$Ag\downarrow$。不过，如果化学反应中反应物和生成物中都有气体，那么气体生成物就可以不用标“↑”。同样，溶液中的反应如果反应物和生成物中都有固体，那么生成的固体生成物也不用标“↓”。如：

$$S + O_2 = SO_2$$

$$Fe + CuSO_4 = Cu + FeSO_4$$

科学词汇

化学方程式：用化学式表示物质化学反应的式子。

化学式：用元素符号和数字的组合表示物质组成的式子。比如，H_2O是水的化学式，它表明水分子含有两个氢原子和一个氧原子。

元素符号：用来标记元素的特有符号，如O代表氧，Na代表钠。元素符号也可以表示这种元素的一个原子。

反应物和生成物之间的双箭头表示反应可以很容易地朝两个方向进行，如以下化学方程式：

$$A + B \rightleftarrows AB$$

在一个更详细的化学方程式中，括号中的字母用来表示每种化合物的物质状态。固体用（s）表示，液体用（l）表示，而气体用（g）表示。当一种化学物质溶于水时，它被描述为水溶液，用（aq）表示。比如，水通常以液体形式存在，表示为H_2O（l），但在有大量热量参与的反应中，水常常会变成气体，表示为H_2O（g）。

化学反应只有在一定条件下才能发生，因此，化学方程式中通常要注明反应发生的条件，如把加热（用△表示）、点燃、催化剂等，写在等号上方（本书中的化学方程式均未标注反应条件）。

使用数字

对化学家来说，数字是化

由于发生了氧化还原反应，因此苹果的颜色变成了褐色。

学方程式中最重要的部分。在化学方程式中，各物质前面的系数（数字），被称为“化学计量数”。化学计量数告诉我们需要多少反应物才能产生一定量的生成物。例如，$3H_2O$ 意味着有3个水分子参与了反应，你也可以用化学计量数乘以每个分子中存在的原子数来计算原子的总数，在这种情况下，有6个氢原子（3×2）和3个氧原子（3×1）参与了反应。

化学方程式的配平

化学家通过改变化学计量数来配平化学方程式，使反应物中的原子数与生成物中的原子数相等。例如，表示氢分子生成过程的化学方程式 $H + H = H_2$ 是平衡的，因为两边的原子数是一样的。而氢气与氧气发生反应生成水的化学方程式则比较复杂，如果简单地用 $H_2 + O_2 \rightarrow H_2O$ 这样的式子来描述这个反应，是不太严谨的，因为这个化学方程式并不平衡——生成物中只有一个氧原子，但反应物中有两个氧原子。

为了配平这个化学方程式，你要在反应物前加一个系数，以匹配生成物中的原子数：$2H_2 + O_2 = 2H_2O$，现在反应物和生成物中的原子数就保持一致了。制造水的化学反应相当简单，所以配平化学方程式也很容易，当化学方程式变得更加复杂时，你要尝试增加或改变系数，直到两边的原子数一致才能配平一个化学方程式。

现在可以尝试配平磷（P_4）和氧气（O_2）发生化学反应的化学方程式：$P_4 + O_2 \rightarrow P_2O_5$（此式子未配平，配平后需改为等号）。

为了配平这个化学方程式，我们可以先从最复杂的生成物 P_2O_5 入手，先在生成物

如果气球中含有氦气，那么它就会浮起来，这是由于氦气原子比空气中的原子更小、更轻。1摩尔氦气所含的原子数与1摩尔空气所含的原子数相同，但质量要轻得多。

前加上一个系数2，这样磷（P）原子在反应前后的数量就一致了。此时，生成物中一共有10个氧原子，由于每个氧气分子（O_2）含有两个氧原子，因此我们需要在氧气反应物前加上5这个系数，这样整个化学方程式就被配平了，最终的化学方程式为：

$$P_4 + 5O_2 = 2P_2O_5$$

配平化学方程式的实际应用

有了配平的化学方程式，化学家就知道需要多少反应物来生成生成物了。但是，化学家并不用它来计算原子的数量，他们通过称重来计算物质的量。物质的量以摩尔为单位，1摩尔含有 6.022×10^{23} 个微粒。

这个数字是由意大利人阿梅德奥·阿伏伽德罗（1776—1856）最先发现的，它代

表了一个单位的化合物中所含的原子或分子数。阿伏伽德罗还发现，任何相同体积的气体都含有相同数量的原子或分子，因此这个数字又被称为“阿伏伽德罗常数”。在元素周期表上，一个元素的原子质量数等于1摩尔该元素的质量（克），例如，氦的原子质量数为4，这表示1摩尔氦的质量为4克。化合物也有分子质量，其表示一个分子内所有原子质量的总和，例如，氯化钠的分子质量数大约是58.5，其中钠为23，氯为35.5，因此1摩尔氯化钠的质量为58.5克。

化学家使用这些质量来精确测量一种元素或化合物在反应中被用掉了或产生了多少，同时可以更深入了解原子如何重新组合形成化合物。

试一试

生活中的氧化还原反应

光合作用是一种发生在植物体内的氧化还原反应，你可以通过一个简单的实验来观察它。首先将一小片水藻放入一个装满水的玻璃瓶中，用一个碟子盖住玻璃瓶，然后将玻璃瓶倒置，并在碟子中倒满水以阻止水从瓶子里漏出来。这时，瓶子里应该还留有少量的空气，你可以用笔标出水的高度，然后将瓶子和碟子一起挪到一个有阳光的地方，很快你就可以观察到植物的表面出现了气泡，同时瓶子里的水位可能会略微下降。出现这种现象的原因就是植物正在利用阳光使水和二氧化碳发生反应，产生氧气和植物的食物——糖类。

光合作用产生氧气，从而使瓶子里的气体增加。

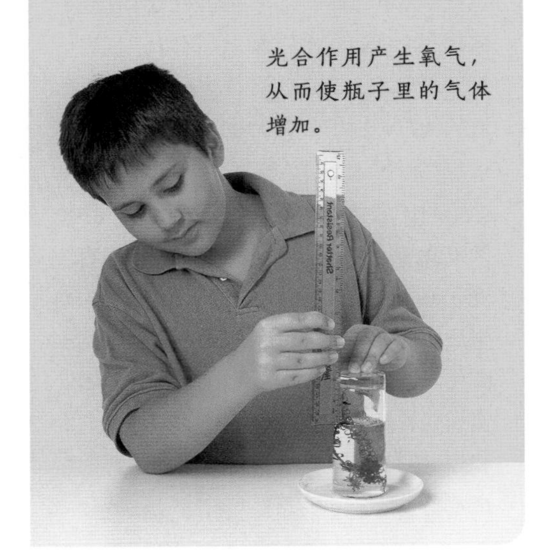

森林火灾是化学反应，经常发生在炎热、干燥的天气里。一旦起火，它可能需要数周时间才能被扑灭。

发生化学反应时，一种物质会转变为另一种物质，在这个过程中，有的会吸收能量，有的会释放能量。

我们在日常生活中常常会发现一些东西“悄悄地”发生了变化，比如，亮闪闪的金属制品变得暗淡无光，食物“变坏”了……这些变化都与化学反应有关系。

燃烧反应是化学反应的一种类型。在森林火灾中，树木燃烧成为灰烬，释放出大量热量，同时伴随着烟雾和火焰。

物质在化学反应中发生变化是因为构成物质的微小颗粒——原子进行了分离和重组。例如，木材由含有碳和氢等原子的化合物组成。当木材燃烧时，这些原子分离并与空气中的氧原子结合，形成新的化合物：二氧化碳、一氧化碳以及水。在这个过程中，原子本身变化不大，但它们组合在一起的方式发生了变化。

物质的变化

各种物质之间存在着多种相互作用，也在不断发生着变化。我们每天都生活在这样一个不断变化的物质世界里。水在一定条件下可以变成水蒸气或冰；钢铁在潮湿的地方会生锈；煤、木材等在空气中可以燃烧而发光发热。科学家将没有生成其他物质的变化，称为“物理变化”，如水蒸发变成水蒸气；而将有其他物质生成的变化称为“化学变化”，即我们常说的化学反应，木材燃烧和钢铁生锈都属于化学变化。物质发生化学变化的过程中，也常常伴随着物理变化。例如，点燃蜡烛时，蜡烛受热熔化是物理变化，而蜡烛燃烧生成水和二氧化碳，是化学变化。

化学反应发生的原因

化学家研究化合物为什么以及如何相互反应，同时他们还研究温度、压力和其他条件变化对化学反应产生的影响，以及为什么有些反应比其他反应发生得快，为什么有些反应需要火焰或其他额外的能量才能发生。例如我们厨房中使用的燃气——甲烷，它是由碳原子和氢原子组成的一种化合物。我们可以通过燃烧甲烷来加热食物，在这个化学反应过程中，甲烷中的碳原子和氢原子与空气中的氧原子结合，形成了二氧化碳和水。

铁也会与空气中的氧气结合发生化学反应。铁钉生锈现象，是由铁与氧气相结合发生化学反应导致的。这种反应与木材或甲烷的燃烧反应类似，不同的是，它发生得很慢，而且不需要加热。一个化学反应发生得快慢与温度有关，几乎所有的化学反应在温度较高时发生得都比较快。例如，烹调食物时，温度越高，食物熟得越快；洗衣服时，用热水清洗衣服上的污垢也更容易。化学家在实验室里常常通过加热来使反应更快发生。

能量和化学变化

用“能量”这一概念可以解释很多化学反应。一般来讲，一个物体具有多少能量，它就具有多少改变物质的能力。例如，一个快速移动的球可以打碎一块玻璃，或在地上打出一个洞，或在保龄球馆里打翻球瓶，它之所以能做到这些事情，是因为它将自己运动的能量（科学家称之为“动能”）转化为了其他能量。

另一个例子是灯泡以光和热的形式向外界释放能量，这种能量是由灯泡中的电能转化而来的，这些能量不仅使我们眼睛中的感光细胞做出反应，产生了视觉过程，还向周围辐射热量，使我们感到温暖。

在化学反应中，物质的能量不仅影响化学反应的发生，还影响化学反应如何发生。

微观物质

化学家常用构成物质的基本元素——原子的运动来解释化学变化。这些原子结合在一起形成分子，大多数（但不是全部）分子非常小。例如，我们呼吸的空气中最主要的两种气体——氮气和氧气的分子，就是由一对原子组成的，少量存在的臭氧是由3个原子构成的，二氧化碳由一个碳原子与两个氧原子相连组成，而其他一些气体，如氩气和氦气，则仅由单个原子组成。

在高压和高温下，分子也会断裂。例如，大气中的一些分子在闪电发生时被分解成原子，产生的独立原子很快又会通过化学反应重新结合在一起，再次形成相同的分子。

运动中的分子

分子总是处于运动过程中，即使是在岩石这样的固体中，每个分子也在不停地振

当铁暴露在水和空气中一段时间后，它就会生锈。在这个过程中，铁的表面会形成一种棕色的含铁化合物。

科学词汇

能量： 一个系统或一个过程中物体运动或变化做功的物理度量。

动能： 物体由于做机械运动而具有的能量。

分子动理论： 研究物质热运动性质和规律的经典微观统计理论。

分子： 由组成其的原子按照一定的键合顺序和空间排列而结合在一起的整体。

动。然而，分子不会离开它们的“家”，所以固体不容易改变其大小和形状。如果你用手指推岩石，它不会改变其形状，但如果你用锤子砸它，它可能会碎裂。

在液体中，分子也会振动，但它们的自由度比固体中分子的自由度要大。通常情况下，液体分子也同固体分子一样紧密地排列在一起，但当液体在容器中移动时，液体分子也会发生移动，并相互传导能量，因此当将液体倒入杯子、壶或其他容器中时，液体会呈现出杯子、壶或其他容器的形状。

气体分子相距甚远，它们可以自由移动，“飞来飞去”，同时还可以旋转和振动。气体分子不仅彼此间相互碰撞，还会与容器壁相互碰撞。

在常温下，即大约20℃的情况下，空气中的氧气分子和氮气分子大多数以大约450米/秒的速度移动，这种速度比声速还快。分子的运动速度不是恒定的，同一时刻下有些分子的运动速度要快得多，而有些分子的运动速度则慢得多。

物质由无数运动中的微小粒子组成的观点，被称为物质的分子动理论。分子动理论认为，物质是由大量分子、原子组成的，这些分子、原子处于不停顿的无规律热运动中，且彼此间存在着相互作用力，其运动遵循牛顿运动定律。

理想气体定律

分子动理论主要应用于气体中，因此也常被称作“气体动理论”。该理论假设气体分子就像小球一样，在容器内自由碰撞运动。这种理论可以解释气体的许多现象。

首先，这一理论可以解释气体如何对盛放其的容器产生压力。当一个气体分子撞到容器壁时，它会以不变的速度和不变的动能反弹回来，同时，气体分子会对容器壁产生推力，这种推力就是我们所说的气体对容器施加的压力。

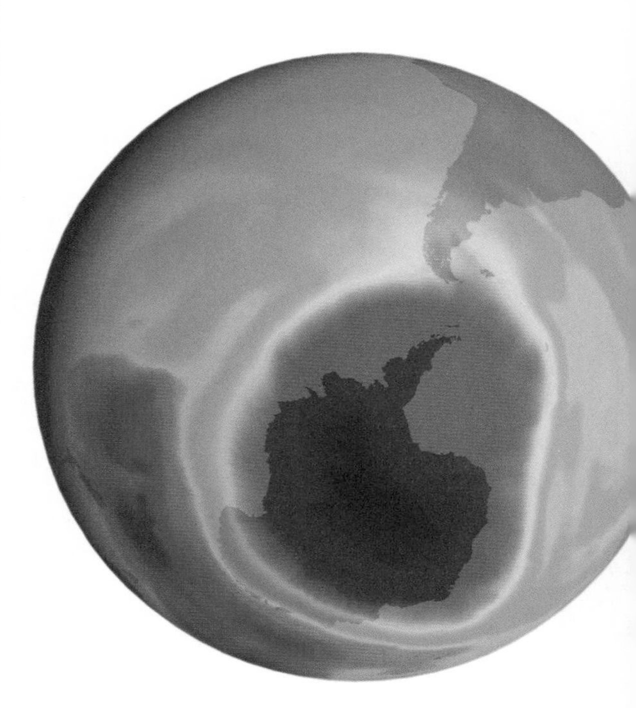

南极洲上空枯竭的臭氧层呈紫色阴影。臭氧（O_3）分子由3个氧原子组成，分解后形成常规的、由两个原子构成的氧气分子。

此外，如果气体被挤压到一个较小的空间里，气体分子就会更频繁地从容器壁上反弹回来。这就解释了为什么当气体被压缩时，其压力会增加。

如果气体分子运动的速度加快，容器壁的压力就会增加，因为气体分子从容器壁上反弹时会对容器壁施加更大的力。分子动理论告诉我们，分子的平均速度随着气体温度的升高而加快，这就解释了为什么气体的压力随着温度的升高而增加。描述理想气体体积、温度和压力变化规律的物理学定律，被称为“气体定律”，也被称为“理想气体定律”。理想气体有以下特征：

- 气体分子的体积与它们周围的空间相比非常小，可以忽略不计。

光子

在物质的3种主要状态中，粒子具有不同的间隔和不同的自由运动量。

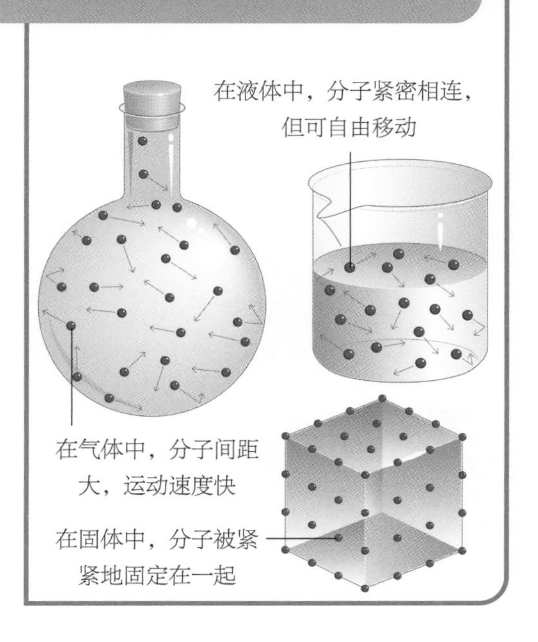

分子的大小

分子的大小差异很大，大部分分子是由几个原子组成的，非常微小，但生物体中的一些分子要大得多。例如，生物的遗传物质[脱氧核糖核酸（DNA）或核糖核酸（RNA）]的单分子就是由数百万个原子组成的，如果将这些原子伸展排开，那么一个来自单个人体细胞的DNA分子将有大约5厘米长！许多蛋白质分子也很大，它们包含了数百个原子。一颗普通食盐（氯化钠）晶体，也可以被看作一个巨大的分子，它的原子并未紧密结合在一起，而是共同构成一个巨大的、按照几何规律排列的网络——晶格。

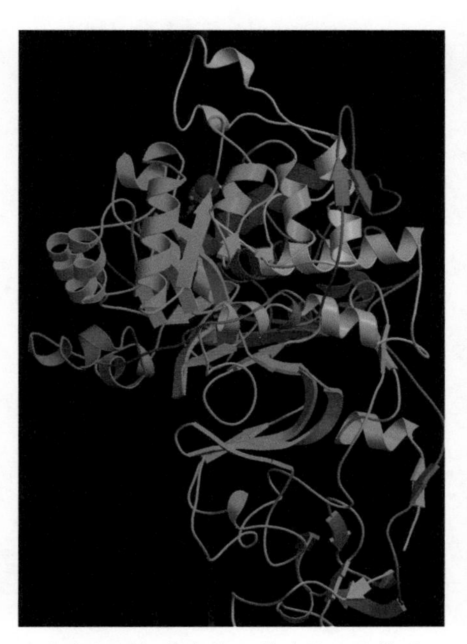

这是幽门螺杆菌中的一种酶的分子模型，这种细菌与胃溃疡和胃癌的发展密切相关。

- 当气体分子与容器壁碰撞时，它们会被弹开而不失去任何能量，因此气体的总动能不会减少。
- 分子之间或分子与容器壁之间没有相互吸引力。

在实践中，理想气体定律也适用于实际中的气体，因为在更广义的温度和压力范围内，这些气体分子的行为与理想气体分子的行为非常相似。

温度和热量

分子的不断运动形成了我们所知道的温度。物质的温度越高，其粒子的运动速度就越快，随着温度的降低，组成物质的粒子也运动得越来越慢。

当两个不同温度的物体接触时，较热的物体会降温，较冷的物体会升温。在这个过程中，较冷物体中的粒子开始快速移动，而较热物体中的粒子将放慢速度，较热物体中移动较快的粒子的动能将转移给较冷物体中移动较慢的粒子。

这种动能的转移被称为“换热”。正如理想气体定律所描述的那样，换热不仅能导致温度的变化（热的物体变冷，冷的物体变热），还会引起其他方面的变化。如果封闭容器中的气体被加热，那么气体将变得更热，其压力也将增加。但如果气体所在的容器可以自由膨胀，那么加热将导致气体膨胀而不是压力增加。因此，热量可以使气体膨

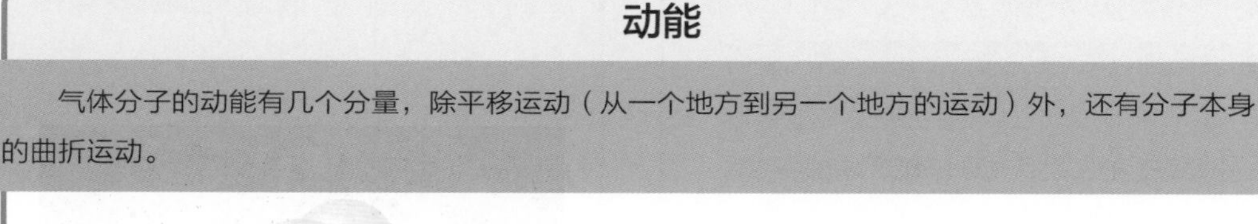

动能

气体分子的动能有几个分量，除平移运动（从一个地方到另一个地方的运动）外，还有分子本身的曲折运动。

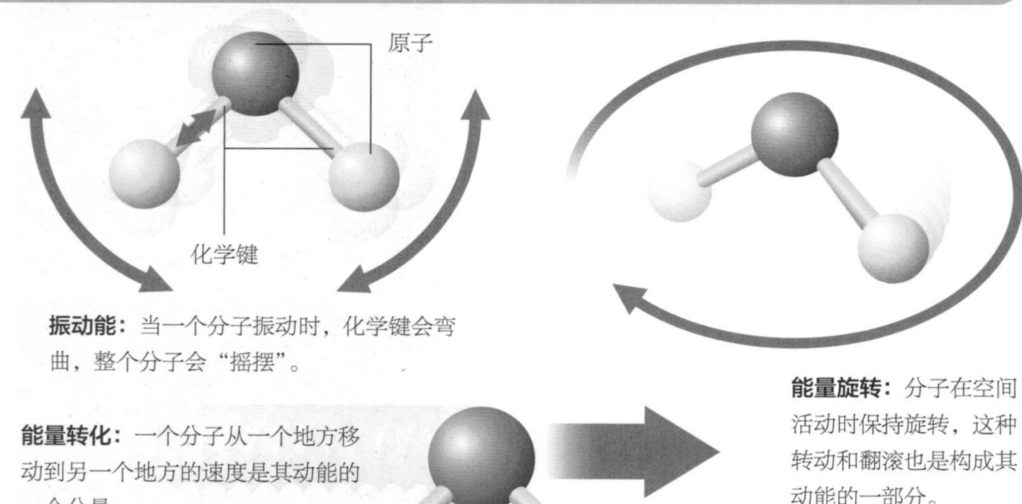

振动能：当一个分子振动时，化学键会弯曲，整个分子会“摇摆”。

能量旋转：分子在空间活动时保持旋转，这种转动和翻滚也是构成其动能的一部分。

能量转化：一个分子从一个地方移动到另一个地方的速度是其动能的一个分量。

胀或压力增加，也可以提高其温度。

换热还可以使物质改变其状态，即物质在固态、液态和气态之间变化。例如，漂浮在一杯温暖的苏打水中的冰块融化时，热量从苏打水流入冰块中，使冰块升温，直到冰块达到其熔点（0℃），然后冰块开始变成水，但是，在融化过程中，冰块的温度始终保持在0℃。从上述例子中可以看出，换热导致了固体向液体转化，但并未改变周围的温度。

同样的道理，当水被煮沸时，液态水吸收热量，然后变为蒸汽，在这个过程中，液态水和蒸汽保持相同的温度，即100℃，直到所有的水都变成蒸汽。

化学键和化学能

由于构成物质的原子互相连接且始终在运动，因此物质是含有能量的。在化学反应中，原子与原子之间互相连接在一起，这种连接被称为“化学键”。只有提供能量才能使一个化学键断裂，因为只有在外部能量的帮助下，原来连接在一起的原子才能分开。原子可以通过加热或者与其他原子拉近距离等方式，在旧有的化学键断裂时形成新的化学键。

原子被分开后，仍然拥有这种能量，当原子重新结合并重新形成化学键时，它们就会释放出这些能量。在化学反应中，打破化学键需要吸收能量，形成化学键则会释放能量。当一个烧瓶被加热以使化学反应发生时，能量被吸收了。能量也可以从辐射中摄取，例如，相机胶片中的化学物质在暴露于光下时会吸收光辐射的能量，这些化学物质在吸收能量后会发生反应，经过特殊化学处

将生物样本浸入温度约为-200℃的液氮中，可以将其迅速冷却到非常低的温度。

分子动理论的先驱者

17世纪伟大的英国科学家艾萨克·牛顿（1642—1727）认为，气体的行为方式是由气体分子即使没有接触，也会相互排斥，即静态排斥导致的。1738年，出生于荷兰的瑞士科学家丹尼尔·伯努利（1700—1782）指出，气体的压力是由其粒子与容器壁的碰撞造成的，但这个观点并没有被当时的科学界所重视，直到英国科学家约翰·赫帕斯（1790—1868）开始重视这个观点。但即使在那时，科学家们也普遍不接受分子动理论，但这一理论最终被英国物理学家詹姆斯·普雷斯科特·焦耳（1818—1889）的实验和苏格兰物理学家詹姆斯·克拉克·麦克斯韦（1831—1879）的详细数学推理所证实。

科学词汇

热能： 因构成物质的原子或分子的随机（无规则）运动（振动）而产生的、以显热或潜热的形式表现出来的能量。其宏观表现是温度的高低。

生成物： 在化学反应中生成的物质。

反应物： 在化学反应中参与反应的物质。

物质状态： 一般物质在一定的温度和压强条件下所处的相对稳定的状态。

热力学： 研究宏观系统的热与各种形式能量相互转换关系，解决物理变化与化学变化方向及限度的规律的一门学科。

玉米吸收太阳光的能量，将水和二氧化碳转变为葡萄糖分子。如果没有植物内部发生的复杂化学反应，这种化合物就不会生成。

理后就可以产生影像。

放热反应和吸热反应

放出能量的化学反应被称为“放热反应”。能量不仅可以以热的形式释放，还可以以光、声音、运动和电流的形式释放。气体或木材的燃烧是一种放热反应，燃烧时释放的热量有的以热辐射的形式扩散到周围环境中，有的则转移到燃烧产生的灰烬、烟雾和气体中去。

吸收能量的反应被称为“吸热反应”。植物在生长时会吸收太阳光的能量来合成所需的养分，这个过程被称为“光合作用”，这个过程就是一个吸热反应。吸热反应的另一个例子就是将碳酸钙（石灰石）分解为石灰（氧化钙）和二氧化碳的过程，这个过程需要吸热才能进行。

热力学第一定律

热力中最基本的定律是能量守恒定律。它指出，在任何化学或物理过程中，所涉及的一切事物的总能量保持不变。这意味着，在一个化学反应中，分子的动能、化学键的能量及参与的热能和光能的总和，在反应发生后与反应发生前一定完全相同。

能量守恒定律是热力学的基础，它涉及热和其他形式的能量转换之间的关系，这就是能量守恒定律通常被称为“热力学第一定律”的原因。

温度测量

科学家通常使用温度计来准确测量温度。常用的温度计有3种，一种是玻璃液体温度计，它利用充入玻璃管内的液态水银（或酒精）柱的变化来测量温度。当温度升高时，玻璃管内的水银（或酒精）膨胀，测量者通过玻璃管外壁标注的刻度便可以知道温度的变化。另外一种温度计是根据构成闭合回路中两种不同金属的两个连接点间的电压随温度变化而变化的原理来测温的，这种温度计被称为“热电偶温度计”。还有一种温度计是利用材料加热后会发出特定颜色的光来测量温度的，这种温度计被称为“高温计”，例如，通过分析高热的铁发出的光的颜色来确定铁的温度。

此外，还有铂电阻温度计和数字温度计。铂电阻温度计根据铂丝的电阻随温度变化的规律来测温。数字温度计则采用温度传感器，将温度变化转换成电信号的变化，可以直接显示温度值。

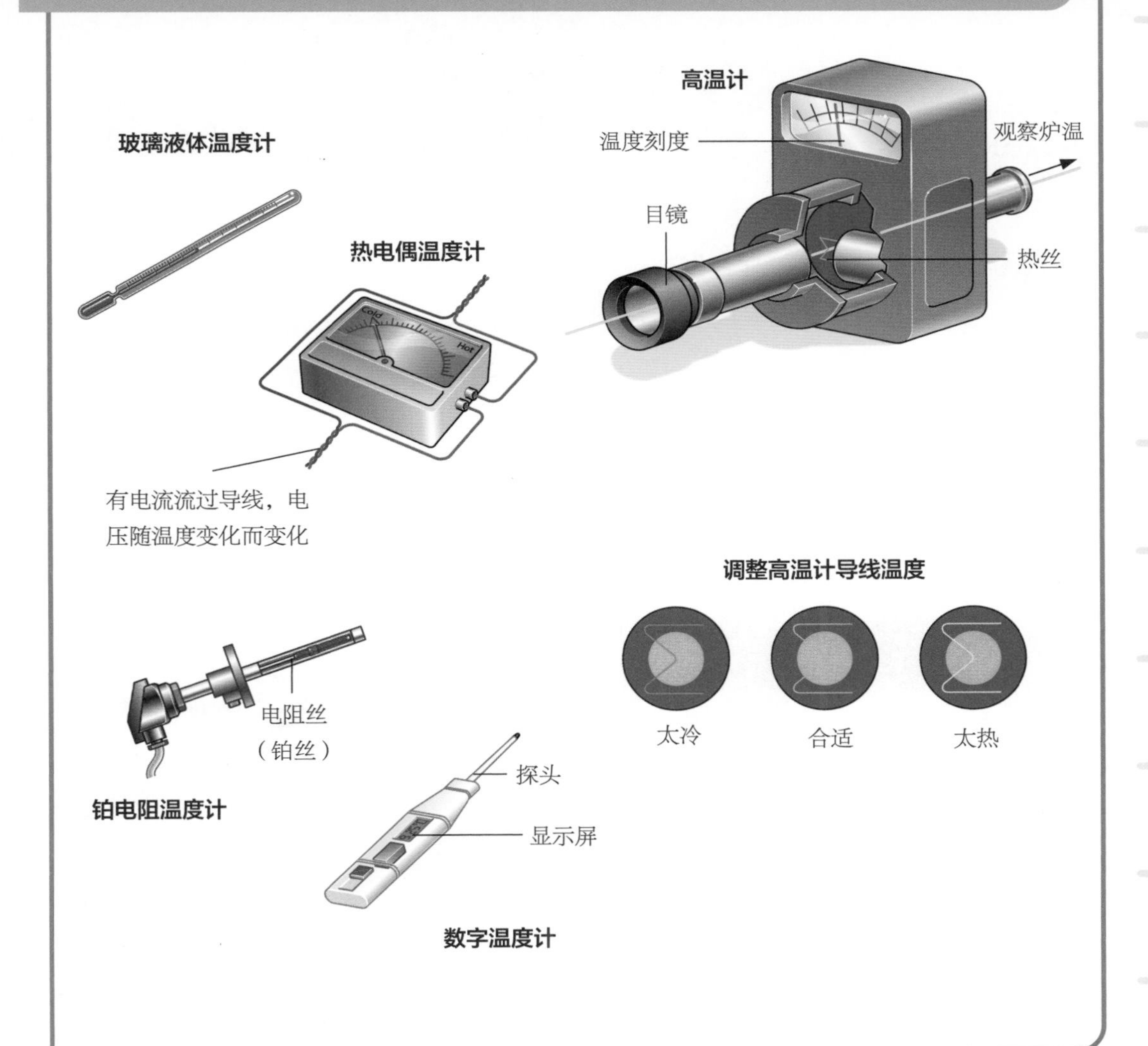

巧克力蛋糕含有很高的热量，我们可以从食品包装的标签上了解到具体的数值。这个数值表明，当食物在人体内发生化学反应时，它会产生多少热量。

热量和化学反应

在化学反应过程中，物质会发生变化，能量同样也会发生变化。这些变化为化学反应提供了能量。

化学家经常需要研究在化学反应中吸收或放出的热量，物质吸收或放出的热量被称为“反应热”。化学家常用热量计来测量各种反应热。

热量计有很多种类型。一种类型被称为“弹式热量计”，其名称源于化学反应是在一个坚固的外壳内进行的，这个外壳可以承受化学反应过程中可能会出现的高压，而这个外壳外部灌满了水。当壳内发生化学反应时，如果反应释放热量，周围的水就会升温；如果反应吸收热量，周围的水就会降温。实验人员通过测量反应前后的水温来计算反应热的大小：温度变化越大，反应热也越大。

另外一种类型的热量计，被称为“火焰热量计”，可用于测量燃烧反应的反应热。还有可用于测量其他类型反应的反应热的热量计，例如，测量酸和碱混合后发生中和反应产生的反应热的热量计。

热量、能量和膨胀

想象一下，在一个封闭的容器中发生反应。在这个反应中，所有反应物的体积均保持不变，而反应生成了气体，同时还释放了能量。释放的能量一部分以热量的形式存在，导致生成的气体温度升高，其余部分则被储存在生成物的化学键中。如果这个反应发生在一个开放的容器中，那么生成气体的温度会比反应发生在封闭容器中时的温度略低。那么这些“消失”的能量去哪里了呢？答案是这些能量被消耗掉了——这些能量导致生成的气体发生膨胀，对周围的空气产生了推力。在开放系统中发生的反应，其整体能量并未损失，只是由被加热的气体传导给了周围的空气。

做功

当加热的气体膨胀时，它们会做功。当一个力移动物体时，这个力也会做功。功的大小被定义为力与在力的方向上移动的距离的乘积。因此，假设你要把一本沉重的书从地板上拿到桌子上，那么你需要施加一个力来拿起书（抵抗书的重力），并将书从地板移动到桌面上，在这个过程中，你得花费能量做功。你做功所耗费的能量是由你身体中肌肉内部发生的化学反应提供的。做功可以将一种能量转化成其他形式的能量，比如，当你打保龄球时，你手的力量使球移动了一定的距离，在这个过程中，你的身体做了功，将身体的能量转化成了球的动能。能量有很多种形式，如动能、热能、势能等。势能也可以转化为其他形式的能量，例如，当书从桌子上掉下来时，其势能会变成动能（运动的能量）；弹簧被拉长时也具有势能，而当它被释放时，它会恢复到原来的长度，这时势能会转化为动能。

使用弹式热量计

弹式热量计通过被测物质在氧气中燃烧来测量物质的反应热。首先，将物质称重并放入反映壳内，向壳内部充入高压氧气。然后，通过电火花点燃物质。外部的搅拌器可使周围的水温升温均匀。热量计的绝缘壁确保反应热不外泄。反应后用温度计测量水温，便可获得反应热。

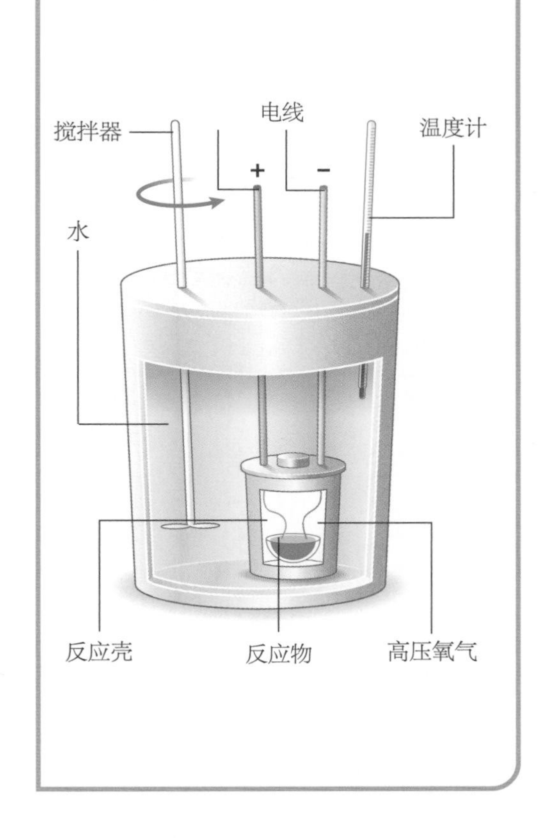

化学能也是一种势能。当化学反应发生时，这种能量可以转化为声、光、热或其他形式的能量。另外还有一种重要的势能，就是电势能，它能使电流在导线中流动。

试一试

将两个由发泡聚苯乙烯材料制成的塑料杯嵌套在一起，再加上一个盖子，就可以制成一个简单热量计。发泡聚苯乙烯是一种良好的热绝缘体，可以很好地阻止内部热量流失，因此商家常用由发泡聚苯乙烯材料制成的杯子盛放咖啡或热饮。做实验时将被测物质放入并混合，待反应结束后，观察温度计的温度变化，便可获知被测物质的反应热。

可以用由发泡聚苯乙烯制成的杯子轻松地制作一个热量计。

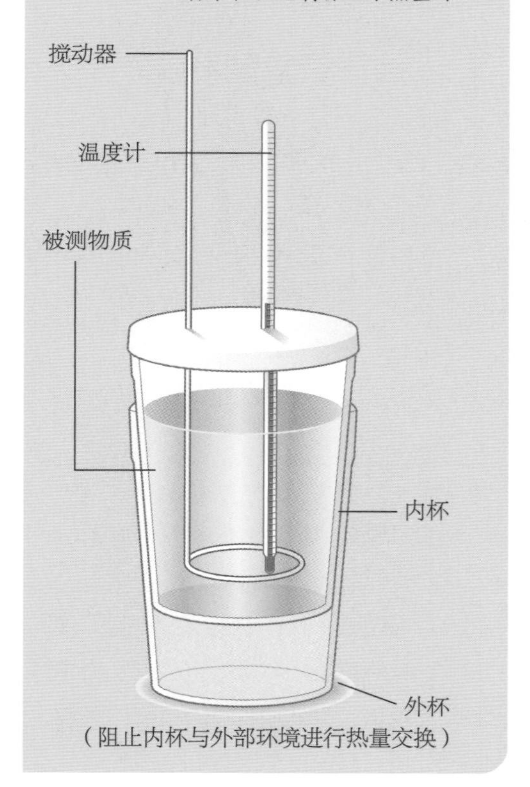

反应发生的条件

虽然化学物质混合在一起可以发生化学反应，从而为整个化学反应的发生提供能量，但这个过程可能不会自发进行。这类似于将一个在山顶上直立的油桶推下山，首先需要将油桶放倒使它开始滚动，即便这个油桶本身就是倒着的，但如果它陷在一个浅坑里，也要先将它推到坑外，它才能滚到山下。

焚烧纸张是另一种化学反应，反应过

科学词汇

热量计：用于准确测量物质释放或吸收多少热量的仪器。

热容：物体在温度升高或下降1℃时所吸收或释放的热量。

比热容：单位质量的物体的热容量，是表示物质热性质的物理量。

当我们打保龄球时，肌肉中的化学反应将储存在体内的化学能转换成保龄球的动能。

程释放了大量能量，但是，纸是不会自己点燃的，它需要外部的火源来点燃，这类似于上面所说的油桶的例子——需要外力才能让整个过程启动。

吸收能量的反应

如果一个化学反应中生成物的能量高于反应物的能量，那么这个反应必须吸收能量才能继续进行。急救箱中的冷敷袋就是利用这样的原理制成的。冷敷袋一般是由一个装有硝酸铵粉末的结实外袋和一个装有水的塑料内袋组成的。当外袋受到重击或被挤压时，内袋就会破裂，水和硝酸铵混合发生反应，这个反应是强吸热反应，可以迅速使冷敷袋的温度下降到0℃。当将冷敷袋敷在伤口处时，它会吸收伤口处的热量，缓解疼痛和减少肿胀。

在这个过程中，整个系统并没有生成或“湮灭”能量，只是将从周围吸收的能量储存在生成物的化学键内了，整个反应符合热力学第一定律，即能量守恒定律。

内能

一个物质内的总能量被称为其内能，

热容

为了计算物质反应所释放或吸收的热量，化学家需要知道热量计本身放出或吸收了多少热量。这意味着他们首先得了解热量计的热容是多少。物体的热容是指使其温度升高或降低1℃时吸收或释放的热量。用热量计的热容乘以实验中的温度变化，就可以得出流入或流出该仪器的热量。

试一试

比较热损失

往一个保温杯和一个带盖子的水壶里灌上热水，然后静置几分钟，让两个容器都能保持一定温度。之后将水倒掉。

接下来，为确保向两个容器里装入同样容量的热水，可以先将保温杯灌满热水，再把水倒入水壶中，然后将保温杯再次灌满热水，这样两个容器就有同样容量的热水了，最后将两个容器的盖子都拧紧。

20分钟、40分钟和60分钟后，用温度计检查两个容器中的水温。每次测量温度时，至少将温度计留在水中30秒，以便温度计能够准确测量温度，每次测量温度后迅速将容器的盖子拧紧。

应使用保温杯将水壶装满，这样可以确保水壶中的水和保温杯中的水一样多。

用温度计每隔一段时间测量保温杯和水壶中的水温。

在温度记录本上将保温杯标注为“隔离系统”，将带盖子的水壶标注为“封闭系统”。上述实验做完后，再用不带盖子的水壶重复同样过程（注意：装入的水要与刚才保温杯和水壶中的一样多），并记录其温度。在温度记录本上，将不带盖的水壶标注为“开放系统”。这时你应该已经发现，热量流失最快的是不带盖子的水壶，即开放系统，因为它可以与周围环境交换物质和能量，一些水分子逃逸到了空气中，并带走了热量。

有盖子的水壶是一个封闭系统：热量留在壶内，所以它流失的热量比开放系统流失的热量少。保温杯接近一个孤立系统，它的设计使热量流失得非常慢，而且它的密闭杯盖可以防止水蒸气流失。你可以发现，在相同时间内，保温杯内水的温度下降得最慢。

车载电池

电能可以与化学能互相转化，因此可以通过化学物质将电能储存起来。当汽车处于静止状态时，车载电池通过化学反应将电能转化为光和声音，为车灯和收音机供电。当汽车行驶时，连接到发动机上的发电机驱动电流以相反的方向流过电池，使得电池中的化学物质发生可逆反应，将电能转化为化学能，为电池充电。

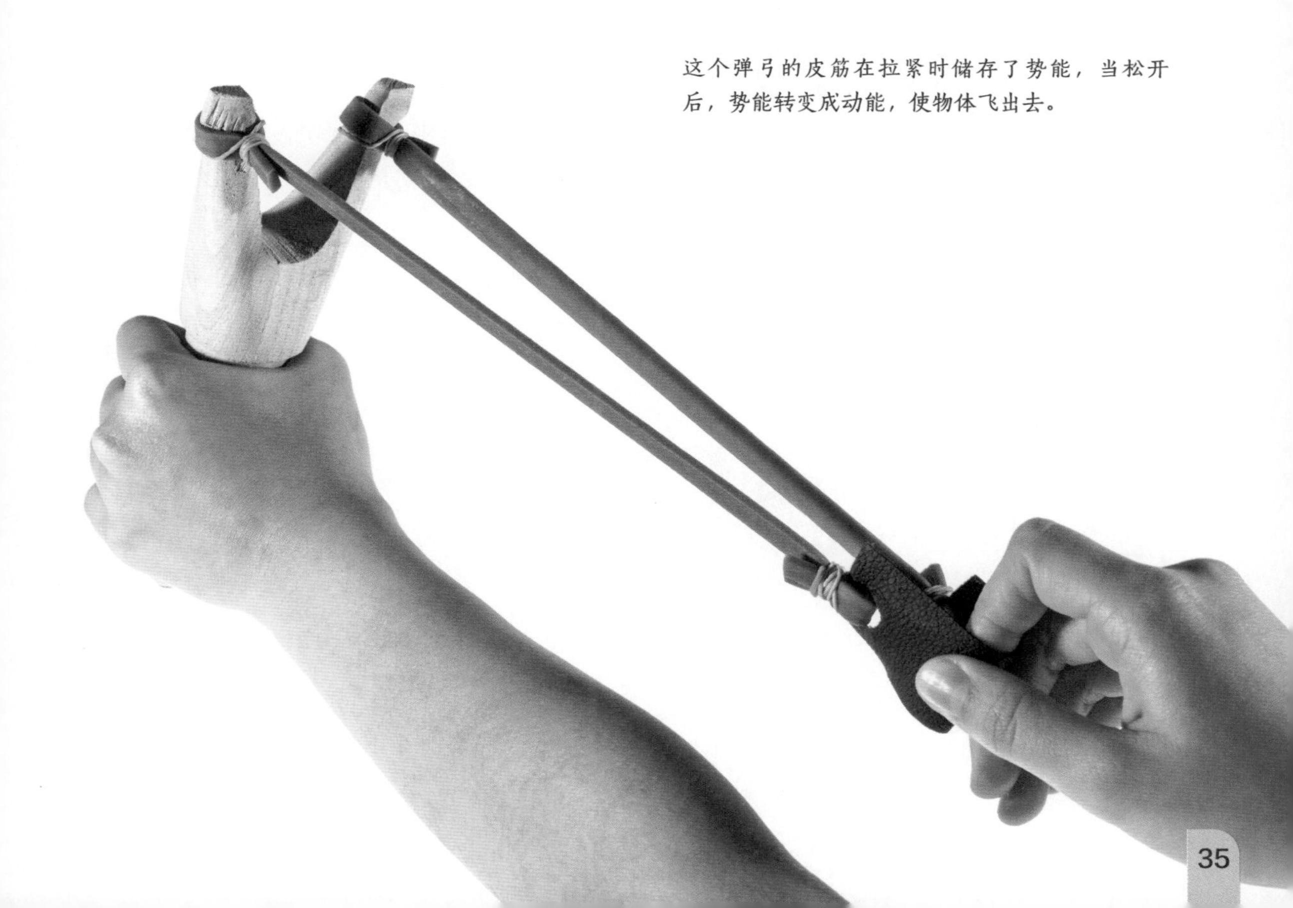

这个弹弓的皮筋在拉紧时储存了势能，当松开后，势能转变成动能，使物体飞出去。

它是由物质中所有粒子的总动能（由于粒子总是保持运动状态）和总势能组成的。如果在反应过程中物质释放或吸收了热量，物质的内能就会相应减少或增加。化学家用“焓变”一词来表示反应中发生的内能变化。如果压力不变（如反应在正常气压下进行），反应中的焓变就等于生成物和反应物之间的内能差。

焓的单位与能量的单位相同，都是焦耳或卡路里。如果一个变化（物理变化或化学变化）是放热的（能量被释放），那么焓变就是一个负数。

对于吸热的变化来说，焓变是一个正数。例如，当1克水蒸发时，其焓变是2.26千焦耳（1千焦耳是1000焦耳）或9.46千卡。而当1克水从气体凝结成液体时，其焓变为-2.26千焦耳或-9.46千卡。

赫斯定律

赫斯定律是由俄国化学家热尔曼·亨利·赫斯（1802—1850）发现的。该定律指出，伴随着一个化学反应的整体焓变与反应

电磁辐射

化学反应可以释放或吸收各种辐射的能量。电磁波谱包括所有不同形式的电磁辐射，它是可见光光谱的扩展版本，包括光辐射和热辐射，在彩虹中可以看到的颜色阵列就是电磁辐射的一种。电磁波谱根据电磁波长排列。无线电波在长波一端，其波长可以超过1.5千米；伽马射线在短波一端，这些含有非常高能量的波可以在核反应中观察到。化学反应中涉及的电磁辐射类型主要有以下几种：

可见光，可以在许多化学反应中观察到，比如爆炸的焰火和萤火虫发出的光。这些可见光可以引起化学反应，也可以在化学反应中放出。

红外辐射（热辐射），它的波长比可见光长，可以远距离传递能量。

紫外辐射，它的波长比可见光短，会使皮肤发生燃烧反应，最终导致皮肤变黑。

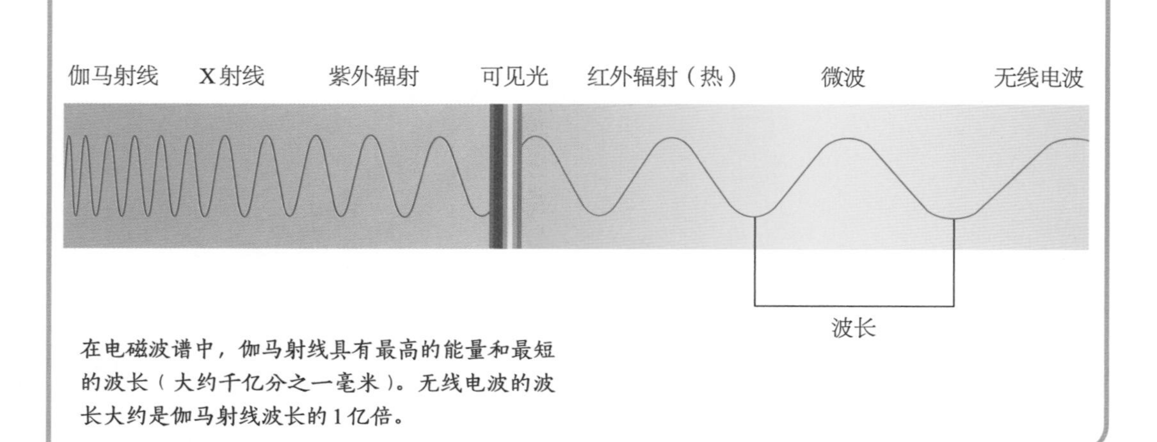

在电磁波谱中，伽马射线具有最高的能量和最短的波长（大约千亿分之一毫米）。无线电波的波长大约是伽马射线波长的1亿倍。

发生的途径无关。举例来说，如果物质A可以通过两个不同的化学过程转化为物质B，那么这两个不同过程中的总能量变化是相同的。赫斯定律是能量守恒定律的另外一种表现形式。

科学词汇

电磁辐射： 在受热、电子撞击、光照射以及化学反应等因素激发下，物质内部分子、原子或电子产生各种能级跃迁，因而向外发射电磁波的物理现象。

焓变： 在恒压下，反应过程中发生的内能变化。

势能： 物质因其所处位置或其部件的排列方式而具有的能量。

自发反应： 无须外界提供能量就可以自行发生的反应。

波长： 从一个波的波峰或波谷到下一个波的波峰或波谷的距离。

势能

一个滚动的物体（a）在山脚下（b）的势能比它在山顶上的势能小。许多化学反应在启动时也会失去能量，比如，一个滚动的物体（c）在滚下山坡（d）之前需要爬出洼地，所以它需要启动能量。同样，许多化学反应即使在反应过程中会释放能量，但在开始时也需要吸收能量才能启动。

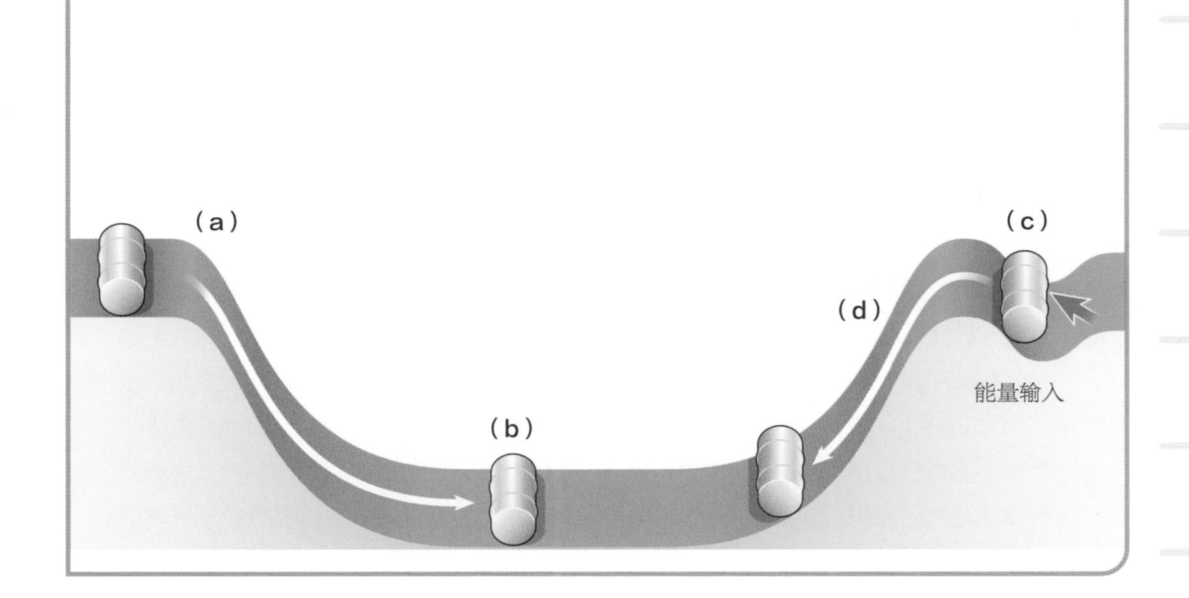

熵和自由能

化学反应的进行不仅受能量的影响，也受熵的影响。日常生活中我们可能意识不到熵，但它的影响无处不在。

是什么原因导致一些化学反应自发地发生？在上一章中，我们看到许多反应（尽管不是所有的反应）会释放能量，但并非所有释放能量的反应都能自发地发生。为了解释这一点，我们需要看一下影响化学反应的另一个因素——熵。

熵

熵与无序有关。为了了解什么是熵，可以设想一个被隔板分成两部分（隔间A和隔间B）的气密性容器。隔间A含有普通大气压力下的气体，而隔间B是真空。当打开隔板后，气体会立即从隔间A扩散至隔间B，直到两个隔间的气体压力相同，而所有空气都聚集在一个角落并停留在那里的情况根本不会发生。

在上述例子中，当打开隔板后，所有的气体粒子都有可能一起运动到隔间A或隔间B中。这种情况并未违反任何物理定律，如能量守恒定律，但事实上这种现象绝不会发生。这是因为空气中的分子处于不断的运动过程中，空气分子会在运动过程中填满整个空间。

如果我们发现气体挤在容器的一个角落里，那么我们会认为有某种力量在“组织”这些气体分子聚集在一起。此时，气体分子的状态被描述为“有组织的状态”。当它们均匀地分布在可用空间中时，气体的这种状态就被描述为“无组织状态”或“无序状态”。

熵便是对这种无序状态的度量，所以，分散的、无组织的气体的熵比聚集在一起的气体的熵高得多。气体自然倾向于从高度组织化的状态转变为较低组织化的状态，所以它的熵倾向于增加。我们可以在日常生活中发现这一点，例如，鞋带经常自己散开，它们从来不会自己打成整齐的蝴蝶结；如果不花费力气整理卧室，卧室将会变得一团糟，等等。因此与能量不同，宇宙的熵一直在增加。

熵与能量

熵在许多过程中会增加。当液体蒸发时，其分子离开液体，在液体上方的空间中移动，与它被限制在液体中时比较，这些液体分子的组织性降低了，所以系统的熵增加了。液体冷却可以这样理解，当液体分子没有离开液体时，它们间的吸引力让它们紧密地连接在一起；当这些分子离开液体后，每个分子都通过吸收液体中的能量来保持运

熵导致液体蒸发。蒸发的过程导致了雾的形成，正如在上图中看到的飘浮在湖面上的雾。

动，以对抗这些吸引力，因此宏观表现为液体降温、蒸发。

在某些化学反应中，生成物中的气体比最初反应物中的气体多（例如，当固体和液体混合产生气体时）。在这些反应中，熵几乎总是增加的，因为当分子分散在气体中时，它们的无序性远远高于它们被限制在狭小的固体或液体中时。

吉布斯自由能

如果希望准确理解为什么一些反应会自发进行，而另一些反应不会，需要将能量和熵放在一起考虑。美国科学家威拉德·吉布斯（1839—1903）提出了吉布斯函数，即吉布斯自由能，通过反应中的焓变和熵变来预测反应是否会自发进行，函数表达式如下：

吉布斯自由能 = 焓 -（温度 × 熵）

换句话说，熵变必须从反应中的焓变中除去，才能得到吉布斯自由能变。这一点很重要，因为只有当吉布斯自由能变为负值时，反应才会自发进行。如果熵变足够大，那么即使焓变是正的（如吸热反应），整个反应的吉布斯自由能变也会是负值，这就是一些吸收能量的反应会自发进行的原因。因为在这个吸热反应过程中，熵的增加导致了吉布斯自由能变小，尽管吸收了外部热量，但熵增加的驱动力胜过了焓增加的驱动力，因此整个反应可以自发进行。同样的，一个导致熵减少的放热反应有可能不会自发进行，因为熵的减少抵消了负的焓变。

熵的作用

两种不同的气体被分别储存在一个容器的上下两部分中。1 为隔板被移开前的状态；2 为气体开始混合，导致熵增加的过程；3 为最终这些气体在整个容器中均匀地混合起来的状态。

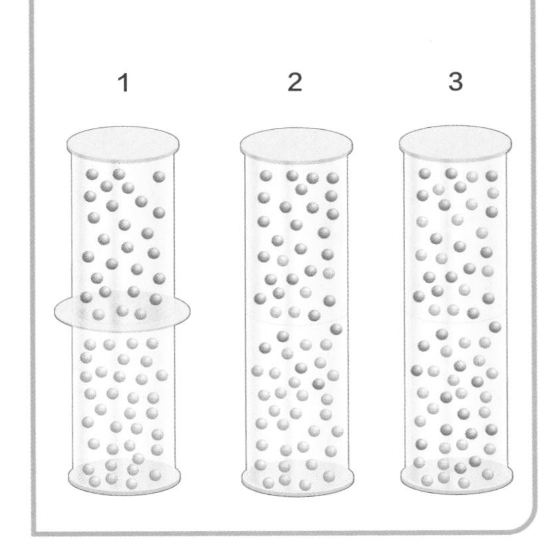

试一试

熵增概率

如果想更好地感受熵，可以通过计算少量分子挤入一个分为 A 和 B 两部分的容器中的概率来体验一下。

为了简单起见，假设容器中只有 4 个分子，如果你在某一时刻检查它们的位置，你可能会发现有 3 个分子在 A 区，1 个在 B 区，你可以将分子的这种微观分布记为 AAAB；或者你可能发现第 1 个和第 3 个分子在 A 区中，第 2 个和第 4 个分子在 B 区中，这时你可以将分子的这种微观分布记为 ABAB，其他的微观分布情况以此类推。

现在将分子所有可能的微观分布情况记录下来，总共有 16 种微观状态，它们分别是：AAAA，AAAB，AABA，AABB，ABAA，ABAB，ABBA，ABBB，BAAA，BAAB，BABA，BABB，BBAA，BBAB，BBBA 和 BBBB。

现在你可以统计一下在这 16 种微观分布情况中：

- 所有分子都在 A 区或 B 区的情况数量有多少?
- 所有分子平均分布在 A 区和 B 区的情况数量有多少?
- 3 个分子在一个区间内，1 个分子在另一个区间内的情况数量有多少?

通过上述情况统计，你应该可以发现，所有的气体分子都出现在 A 区或 B 区的机会只有 2/16，也就是 1/8。

而在其他 14 种微观分布情况中，其中 8 种是 3 个分子在一个区间，1 个分子在另一个区间的情况，6 种是每个区间分布有 2 个分子的情况，因此可以这样认为，分子大致上平均分配在两个隔间里的机会将是 14/16，也就是 7/8，这样的机会远高于所有分子处于同一区间的概率（1/8）。

即使对少量分子来说，所有分子处于一个区间的概率也极低。这一点非常重要，因为即使在很小的空间里，也“充斥”着数以万亿计的气体分子，所以气体更倾向于均匀地扩散到所有可用空间中。

气体分子的微观分布

AAAB

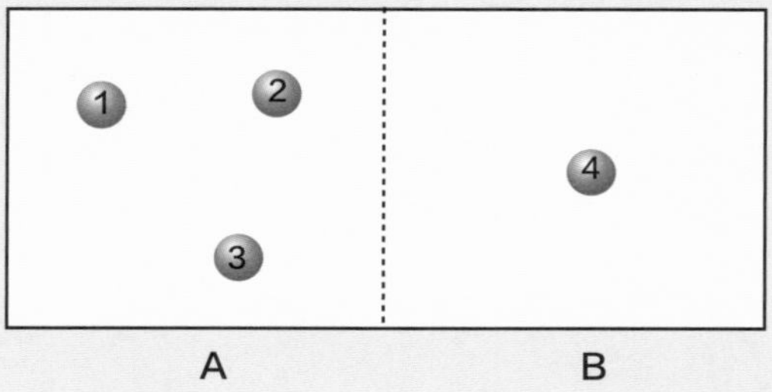

1 2 3 4

A B

气体分子的微观分布

ABAB

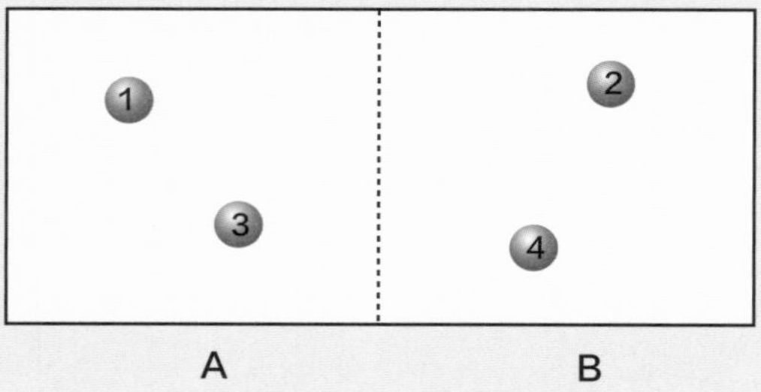

1 2 3 4

A B

热运动

热量的扩散（传播）方式与气体的扩散方式基本相同。如果一个高温物体和一个低温物体接触，高温物体的分子就会扩散到低温物体的分子中。这是因为高温物体的分子平均动能比低温物体的高。当高温物体的分子扩散到低温物体中后，这些分子与低温物体的分子发生碰撞，然后将动能传递给低温物体的分子。通过这样的方式，热量便从高温物体传递到低温物体上。

按照热力学第一定律，能量既不会凭空产生，也不会凭空消失，那么，热量反过来自发地从低温物体上传递到高温物体上是有可能的，但实际上这是不会发生的——热量只能由高温物体传递给低温物体。

盐

当将氯化钠（盐）这样的固体溶解在溶液中时，其熵会增加，因为溶液中粒子的无序度提高了。

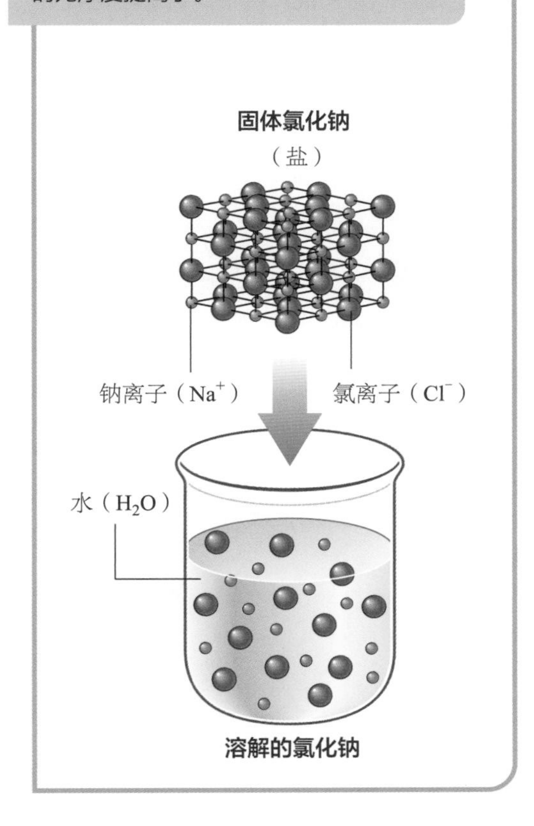

热力学第二定律

所谓孤立系统，是指不与周围环境发生物质或能量交换的系统。热力学第二定律指出，在一个孤立系统中，熵永远不会自动减少。

一个真空烧瓶接近于一个孤立系统（尽管它与外界进行着缓慢的能量交换），假如将一些热水加到这个真空烧瓶中，你认为会发生什么？起初，水和烧瓶两者存在温差，随着时间的变化，两者的温差逐渐缩小，水的温度变低，烧瓶内壁的温度升高，液体不同部分之间的细微温差会被逐渐

蒸发

当液体蒸发时，液体中移动速度最快的分子离开液体，带走了热量。由于蒸气中的分子的无序度要高得多，其熵也更大，因此液体散发热量的过程是一个能量转换的过程，也是一个液体分子熵增的过程。

蒸气分子
液体
温度下降
热量流失

拉平。随着温差的消失，系统变得不再那么有序，最终液体和烧瓶的内壁处于相同的温度，系统具有最大的熵。

从一个更广义的角度来看，热力学第二定律适用于整个宇宙。例如，一个被行星环绕的恒星群是一个相对低熵的系统，因为与形成它的气体和尘埃的质量相比，它是高度有序和有组织的。但是，随着恒星和行星向外辐射能量，其周围的星际气体和尘埃变暖，上升的温度增加了星际空间的熵，并增加了宇宙本身的熵。

热力学第二定律的另一种表述形式是用温度的变化来描述的。该定律指出，热量绝不会自己从一个较冷的物体流向一个较热的物体。如果发生了这种情况，只能说明有外来能量驱动了整个过程的发生。这种描述看起来与熵增描述的版本不同，但在热力学方面，二者是完全等同的。例如，在一个冰箱内部，热量不断从内部排出，这些热量从冰箱后面的冷却管道流向房间，导致房间的温度高于冰箱内部的温度，但这种热量的流动不是自发的，而是由冰箱的电动机驱动的。

科学词汇

绝对零度：理论上可能的最低温度，即−459.67℉（−273.15℃）。

熵：任何系统中的无序度的度量衡。

吉布斯自由能：吉布斯自由能减少将导致反应自发进行。

开氏温度：使用开尔文（K）作为温度单位的温标，其中0K是绝对零度（−459.67℉；−273.15℃）。

微观状态：一种物质在分子尺度上的状态，这个状态代表了物质中所有分子的质量、速度和位置。

开放系统的熵

现实生活中大多数系统是开放的，这意味着它们可以与周围环境进行物质和能量的交换。在一个开放系统中，如果其周围的熵同时增加，系统本身的熵就会减少。

例如，生物体是由细胞组织组成的，但这种组织不是随机形成的。事实上，生物体是按照细胞内的基因（基本遗传单位）组织起来的。当生物体生长和发育时，生物体本身的熵大量减少，减少的熵会通过生物体生长过程中排出的废物和热量传递到周围环境中，这会使整个系统的熵维持不变。

又比如，当冰柜中的水被冻结时，水分子从相对无序的液体状态转变为更有序的固体状态，其熵就会减少，但是冰柜及其周围环境的熵却增加了，因为废热从机器后面排出，增加了那里的空气的熵。与之类似的是，当水在寒冷的天气中自发结冰时，其自身的熵会减少，但水在结冰过程中会向周围释放热量，因此其周围环境的熵会增加。

熵和温度

由于热量会增大系统的无序度，当一个系统中存在热交换时，系统的熵几乎总是在增加。热量交换越多，熵的变化量就越大。系统的无序度不仅同热量有关系，同系统原本的有序度也有关系。比如，一个东西越冷，它就越有序，但这个越冷的物体发生热交换，所引发的系统无序度也越大。具体来说，一定的热量会使一团冰比同等质量的

宇宙的平均温度被认为约是2.73 K（-454.76°F；-270.42°C），这个温度仍然比绝对零度要高。

蒸汽产生更大的熵增。

绝对零度

大多数人熟悉华氏温度和摄氏温度。不过，科学家们通常使用开氏温度，这种温度以其发明者、英国科学家开尔文勋爵（1824—1907）命名，单位为开尔文（K），这种温度使用与摄氏温度相同的间隔。1摄氏度等于从冰水混合物到水沸腾时温度差的百分之一，等于9/5华氏度。对于开氏温度来说，0 K是绝对零度，在这个尺度上，水在273.15 K时结冰，在373.15 K时沸腾。但是，绝对零度究竟是什么？

当一个物体被冷却时，其分子的运动会减慢，直至无限接近一个静止点，这个点就被定义为“绝对零度”，即-459.67°F（-273.15°C）的极冷温度。

科学家们最开始是通过研究气体提出绝对零度这个概念的。当一种气体被冷却时，它的压力就会下降，而当理论上理想气体的压力最终下降到零时，这个时候的最低温度就是绝对零度。

虽然在现实中不可能达到绝对零度，但科学家们已经能够将物质冷却到仅比这一温度高一点点的程度。在这样低的温度下，物质的行为开始变得非常奇怪。

3种温度

华氏（℉）、摄氏（℃）和开氏（K）温度是日常生活或科学中常使用的3种温度。

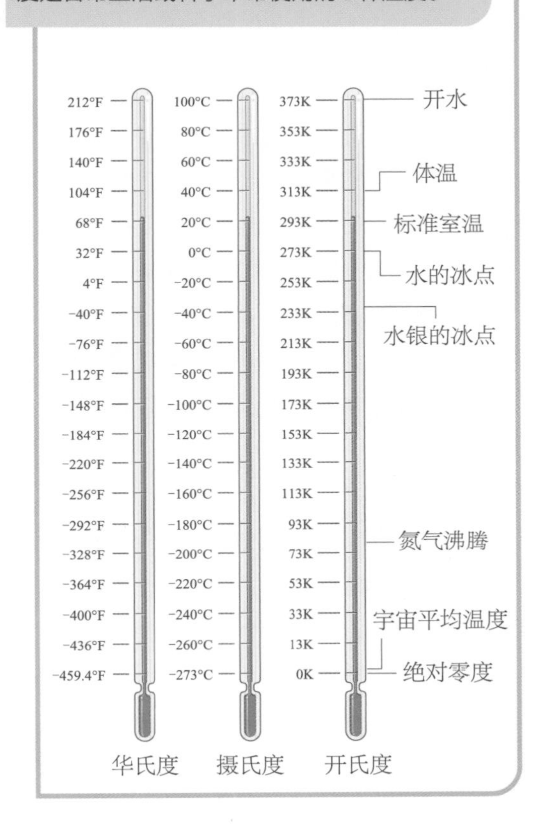

反应速率

化学反应发生的快慢程度取决于反应所涉及的物质，同时也取决于温度和浓度这样的可控因素。

在所有的化学反应中，原子之间原有的化学键断裂，形成新的化学键。例如，甲烷（CH_4）在氧气（O_2）中燃烧时，碳、氢和氧原子之间的化学键全部断裂，原子之间生成新的化学键，化学方程式如下：

$$CH_4 + 2O_2 = CO_2 + 2H_2O$$

当分子或原子彼此非常接近时，如碰撞时，原子之间的化学键会发生变化，此时电子就会在原子外层的轨道之间移动。

反应速率

反应物浓度较高，意味着一定体积内反应物分子的密度较大，这时分子之间的碰撞也较为频繁，即反应物更容易发生反应。如果一个反应涉及两个反应物，而其中一个反应物的浓度增加了一倍，那么反应速率就会提高一倍。但是如果两个反应物的浓度都增加一倍，那么反应速率将是原来的4倍。同理，压缩气态反应物以增加其密度，也可以提高反应速率。在常温常压下，一个氧气分子在碰撞前需要移动七百三十万分之一厘米的距离，每秒钟会发生大约66亿次碰撞。当压力增加一倍后，氧气分子在碰撞之前移动的距离将是常温常压下的一半，碰撞的次数将会增加一倍。

如果气体处于更高的温度下，其分子会移动得更快，分子移动速度的增加某种程度上也意味着反应速率的提高。这是因为分子移动得越快，它们碰撞的频率就越高，但这种分子碰撞对反应速率的提高作用很有限，比如，气体的温度从25℃提高到35℃，每秒钟的分子碰撞概率只会增加约2%。温度影响反应速率的真正原因是当分子以更快的速度碰撞时，分子将有更多的能量来打破原有的化学键并建立新的化学键。

影响反应速率的另一个因素是反应物

有些化学反应，如爆炸，会发生得非常快，并产生巨大的破坏力。另一些反应发生得很慢，科学家不得不寻找能够加速化学反应的方法。

科学词汇

活化络合物： 也叫“活化配合物”，指在反应过程中形成的过渡态分子物，它会迅速变成原来的反应物分子或分解成生成物分子。

活化能： 在一定温度下，反应物分子的平均能量与它们反应所需的能量之间的差。

催化剂： 能够改变化学反应速率，但本身在化学反应前后不会发生改变的物质。

混合的难易程度。例如，如果所有的反应物都是液体或气体，那么它们将很容易混合，但是如果其中一种是固体，那么它可能需要被磨成小块，以增大其与其他反应物接触的表面积。这就是一大块固体物质比粉末状的同一物质反应更慢的原因。因此，化学家常用粉末状物质代替块状或晶体状的物质来参与反应。

最后，添加催化剂可以提高反应速率。催化剂是能够改变反应速率，但本身在化学反应前后不会发生改变的物质。

反应曲线

化学家通过测量一个或多个生成物形成的速率，或者测量一个反应物被耗尽的速率，来测量一个化学反应的反应速率。这意味着，化学家要找出在一个化学反应的不同

温度

随着温度的升高，分子的平均速度增加，分子密度也随之增加，其速度值域也会扩大。如下图所示，分子速度在较高温度下（红线）比在较低温度下（绿线）跨度更大。

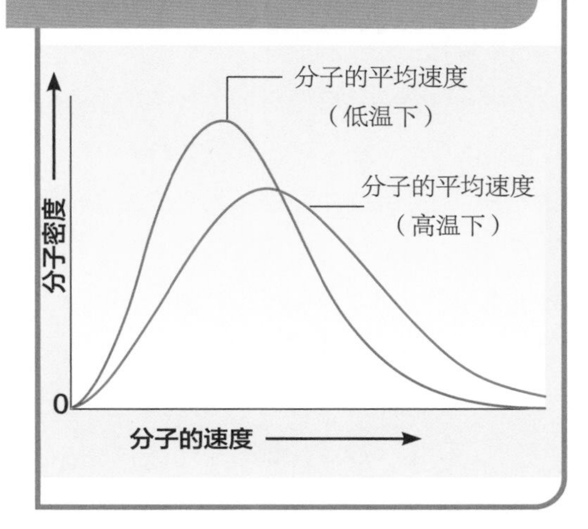

如何提高反应速率

有 4 种主要方法可以提高反应速率：（1）加热反应物，（2）增大反应物接触面积，（3）添加催化剂，（4）提高反应物浓度。

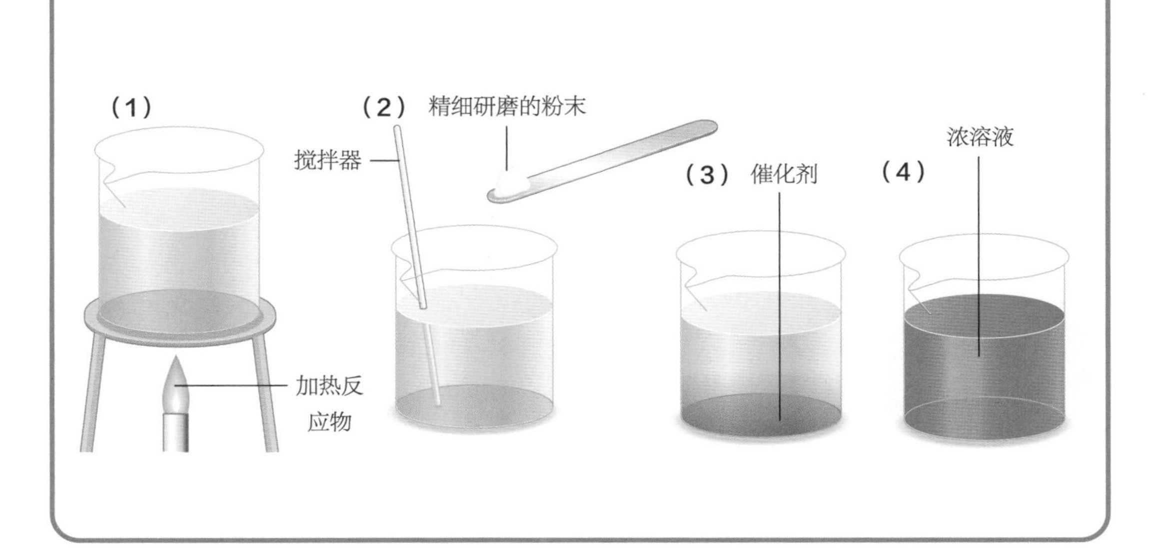

阶段有多少生成物存在或有多少反应物剩余的数据。化学家通过在设定的时间间隔内对反应物和生成物进行测量来得到上述数据，如化合物过氧化氢（H_2O_2）分解成氧气和水的反应。这个反应在室温下进行得非常慢，但可以通过提高温度或添加催化剂来加速。如果将上述反应中过氧化氢的浓度随着时间分解的过程绘制成图，我们就会得到一条曲线，这条曲线可以更好地显示这个分解过程中的反应速率。

在下面的图1中，过氧化氢的浓度在反应开始时是最高的，随着过氧化氢的分解，它逐渐下降，曲线在反应开始时也最为陡峭，表明过氧化氢浓度最高时分解反应发生得最快。

如果反应中形成的生成物没有像上述反应中的氧气一样扩散到空气中，那么我们可以绘制一个生成物的浓度与时间的关系图，它可能看起来像图2（左下）。在这个图中，反应在开始时也是最快的，曲线也是最陡的，随着反应的进行，反应物被消耗完，反应速率下降，所以曲线趋于平缓，最终没有更多的生成物形成，反应曲线变成了一条平直的线。

反应曲线

这张图显示了在反应过程中，反应速率随着反应物的耗尽而下降，生成物的浓度随着时间而上升。

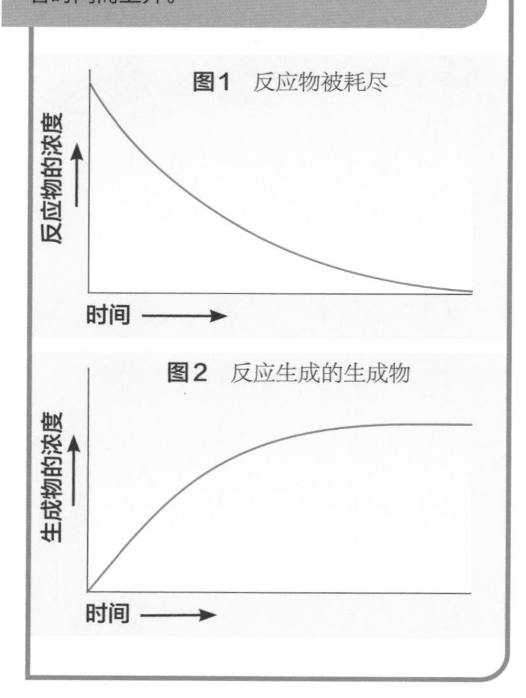

活化能

当两个粒子碰撞时，它们有时会“黏”在一起，形成一个临时分子。这些临时的中间分子，被称为“活化络合物”（又称“活化配合物”）。这些分子往往具有较高的能量，但不能长期存在，它们会很快分解成生

试一试

锈蚀速率

在第12页的生锈实验中，铁和氧气反应生成了氧化铁，即铁锈。现在重复这个实验来研究不同的条件如何影响反应速率。你需要3个罐子和3个新铁钉，在1号罐子中，重复之前的实验；在2号罐子里将铁钉放入开水中并盖上盖子；在3号罐子里放一个铁钉，不加水，然后把盖子盖上，放置12小时后比较实验的结果。

结果表明：1号罐子中的铁钉像以前一样生锈；因为2号罐子中的开水里含有很少的氧气，所以2号罐子中的铁钉上几乎不会形成铁锈；在潮湿的条件下反应才会更快地进行，所以3号罐子中的铁钉上也几乎没有铁锈生成，但如果延长实验时间，空气中的水分就会使铁钉生锈。

成物分子或变回反应物分子，这个过程在反应中是非常重要的。想象一下，两个粒子碰撞后形成了一个活化络合物，在很短的时间后，活化络合物又分解成生成物分子。为了形成活化络合物，反应物需要吸收一定的能量，这个能量和反应物分子的平均能量之间的差被称为“活化能”，这个能量越大，活化络合物的形成就越慢。

在这种情况下，即使这个反应是放热反应（生成物的能量比反应物的小），反应也不会自发进行。在反应开始之前，分子需要获得能量，反应才能进行。这就像一个油桶躺在山顶的凹地内，它需要先被推出凹地，才能滚下山。这个把油桶推出凹地的能量，就类似于形成活化络合物所需的活化能。

如果一个反应整体上是放热的，那整个反应过程就是不断释放能量的过程。当活化络合物在放热反应中分解时，它释放的能量比它形成时吸收的能量多，这就是整个反应会放出能量的原因。如果化学反应是吸热反应（吸收能量），则活化络合物在分解时释放的能量比形成它时使用的能量少。许多催化剂的作用就是降低反应的活化能，以提高反应速率，更快地得到生成物。

化学反应平衡

如果条件合适，许多反应会一直持续到反应物完全消耗后才停止。然而，有一些反应并不会一直持续进行，即使仍然会有生成物形成，但反应只会保持在一种稳定状态。

在这个状态下，反应仍然继续生成生成物，但同时这些生成物会以同样的速率再次产生反应物。这种在可逆反应中，正向反应与逆向反应的速率达到相等时的状态就被

蒸发和冷冻时的反应平衡

只要物理状态发生变化或发生化学反应，就会出现平衡现象。例如，一种液体储存在一个封闭的容器中，它开始蒸发，随着液体上方的蒸气分子数量增加，蒸气分子会重新冷凝变成液体，当每秒离开液体的分子数量与从蒸气中进入液体的分子数量相同时，液体就达到了平衡，这时的状态被描述为饱和状态。

在一般情况下，液态水不能存在于0℃以下，同样，冰（固态水）也不能在这个温度以上存在。漂浮在水中的冰就是一个平衡系统：在所有的冰都融化之前，温度不会升高，在所有的水都冻结之前，温度也不会降低，即使这个系统发生少量的热量流入或流出，导致冰融化或水冻结，但整个系统的温度保持不变。

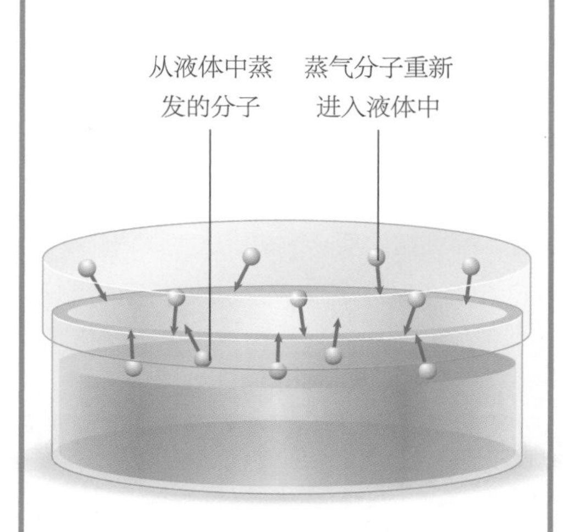

在平衡状态下，回到液体中的分子与进入蒸气中的分子数量相同。

化学家称为“化学反应平衡”。工业中一个反映化学反应平衡的例子就是氮气（N_2）与氢气（H_2）形成氨气（NH_3）的反应，化学方程式如下：

$$N_2 + 3H_2 = 2NH_3$$

这是正向反应，开始时只有氢气和氮气，但很快就会形成氨气，随着氨气的增多，氨气分子之间的碰撞越来越频繁，其中一些分子会再被分解成氢气和氮气，化学方程式如下：

$$2NH_3 = N_2 + 3H_2$$

后面的这个反应是逆向反应。随着氨气的增多，氨气分子的分解速率会加快，最终氨气分子的分解速率将和新氨气分子的生成速率一样。在平衡状态下，将出现氮气、氢气和氨气分子的混合物。为了表明两个方向的反应是同时发生的，化学家用双向箭头来描述这个反应：

$$N_2 + 3H_2 \rightleftarrows 2NH_3$$

平衡移动

如果一个可逆反应的温度或压力发生变化，那么初始反应物和最终生成物的平衡点也会发生变化，但平衡点如何受影响是很复杂的，它并不受单一因素控制。例如，在生成氨气的反应中，提高温度会减少氨气的形成。相比之下，当碳燃烧形成一氧化碳时，如果温度升高，平衡点反而会转向一氧化碳增多的方向。

添加催化剂不会改变任何平衡点，即改变反应物和生成物的浓度，催化剂只会同时提高正向反应和逆向反应的反应速率。这就是为什么虽然使用催化剂可以加快实现反应平衡，但并不会改变平衡时反应物和生成物的浓度。

在任何反应中，如果平衡状态下的生成物数量增加，化学家就会说平衡向右移动（因为生成物在方程式的右边）了。相反，如果外部条件促使更多的反应物形成，那么化学家会说平衡向左移动了。

勒夏特列原理

法国化学家勒夏特列（1850—1936）发现了化学平衡移动原理，这个原理解释了外部条件变化对化学平衡会产生什么影响。原理指出，当一个处于平衡状态的化学系统受到干扰时，它的平衡状态会向着抵消干扰的方向移动。

例如，增加压力促使气体加速溶解或与其他物质结合，这时气体分子数量将会减少，气压随之降低，整个系统将会朝向降低压力变化的方向进行。同样，提高温度会促使吸热反应加快，但整个系统会朝降低温度的方向发展。

氮气和氢气形成氨气的反应会向外释放热量（正向反应是放热反应），体积也会减少（由四分子的氮气和氢气产生两分子的氨气）。勒夏特列原理告诉我们，提高压力

科学词汇

反应速率： 指化学反应进行的快慢程度，可以定义为单位反应空间（体积）、单位时间内物料（生成物或反应物）数量的变化速率。

可逆反应： 同一条件下，既能向生成生成物的方向进行，又能向生成反应物的方向进行的反应。前者叫正向反应，后者叫逆向反应。

会使平衡状态转向氨气的生产方向，这是因为氨气所占的体积比反应物的小，所以形成氨气会降低压力；而提高温度会使平衡向相反方向移动，即更多的氨气会重新分解为氮气和氢气。因为在这种状态下，向外释放的热量更少，系统的温度会趋向于降低。

哈伯–博施法

氨（NH_3）是一种非常有价值的工业产品，它被用于化肥、炸药、清洁产品、电池及许多其他的工艺和产品中。氨是由氮气加上氢气（主要由自然界中的甲烷产生）生产制备的。在发明哈伯–博施法之前，含氮化合物的主要工业来源是矿物，因此在开采及长途运输方面必须花费大量的时间。直到1913年，两位德国化学家的研究使氨的工业生产成为可能。弗里茨·哈伯（1868—1934）首先在实验室中研究了这一反应：

$$N_2 + 3H_2 \rightleftarrows 2NH_3$$

上述反应是可逆反应，随着化学反应产生更多的氨气，氨气也越来越多地变回了氮气和氢气。为克服上述问题，巴斯夫公司的卡尔·博施（1874—1940）通过将氨气液化并从整个系统中移出来，使这个反应得以完成，而剩余的氮气和氢气被回收，并重新参与反应，直至消耗完毕，最终形成完整的工业生产流程。

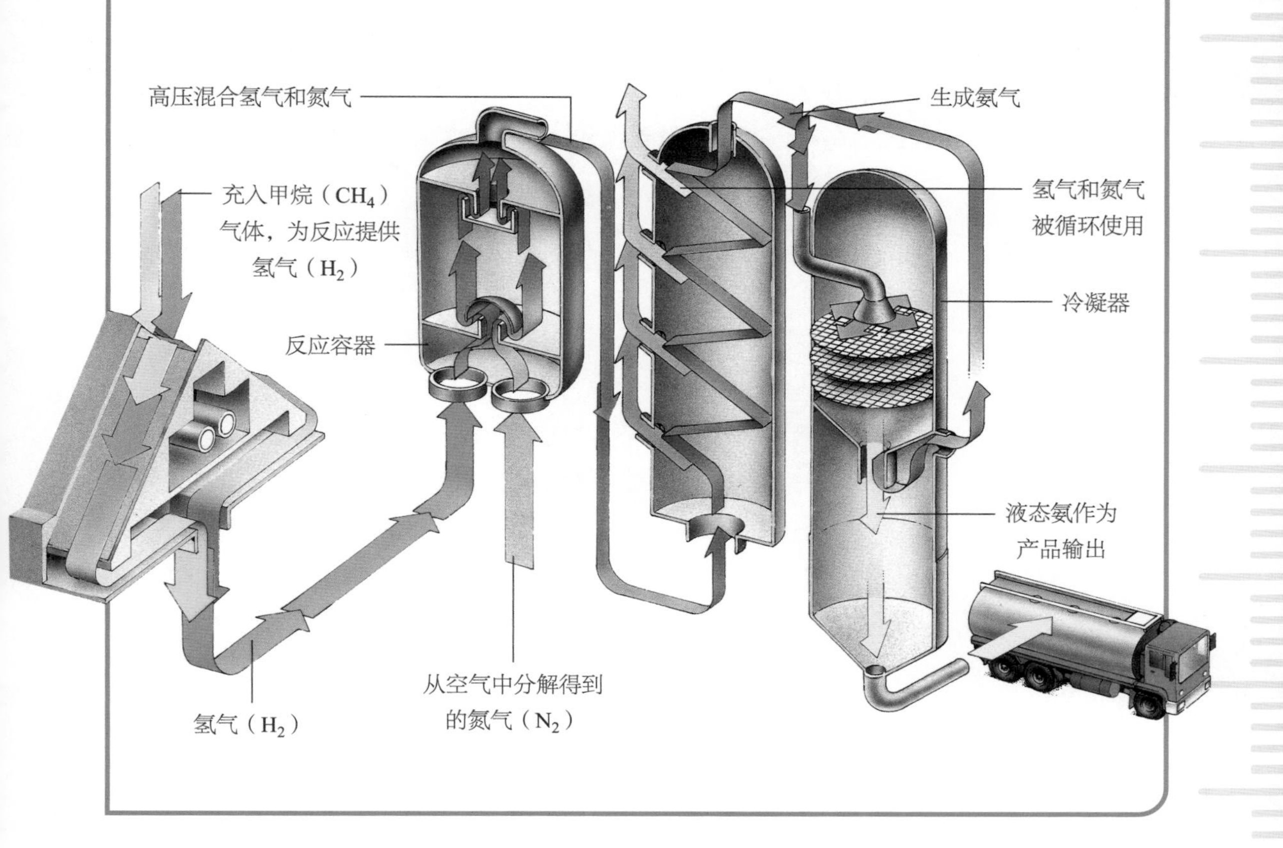

催化剂

化学家通过催化剂来控制化学反应的反应内容、反应时间和反应速率。

石油在巨大的炼油厂中进行工业加工。这个过程包括了利用催化剂将大分子分解成小分子的“裂解”工艺。

生命本身就取决于化学反应发生的速率。人体内每时每刻都有无数不同的化学反应在进行。在工业生产中，化学家想方设法使反应快速、安全地发生，以便在合理的时间内生产出更多具有商业价值的产品。

添加催化剂可以有效提高化学反应速率。几千年来，人们一直在传统食品制作中使用催化剂。例如，在制造啤酒、葡萄酒和其他酒精饮料时，葡萄糖等天然糖类被分解为二氧化碳和乙醇（酒精）。这些糖类的分解被由酵母产生的天然催化剂来促进。酵母也被用于烘烤面包，它通过在面团中释放二氧化碳气泡来帮助面包膨胀。可以说催化剂已经被应用于现代食品工业的方方面面。

在石油化学工业中，大量的产品是利用催化剂从石油中制造出来的，这些产品包括汽油、润滑油、供暖和照明用的气体，以及塑料。当石油被加热时，分子最小的化合物作为气体排出，然后分馏成各种下游产品；较大的分子被分解，形成更小、更有用的分子，这个过程被称为“裂解”；混合物中其余的物质通过加氢精制等反应生成其他化工产品。在这些化工产品形成的过程中，化学工程师使用精心选择的催化剂来控制化工产品生产的类型和数量。

催化剂在其他工业过程中也同样重要。例如，在制造氨的哈伯-博施法（见第49页）中，混合有钾、钙和铝氧化物的熔铁被用作催化剂；制造硫酸的工艺使用的催化剂是氧化钒；在制造人造黄油时，在向油脂中添加氢气的同时，也会添加金属镍作为催化剂。

催化剂原理

有些催化剂同反应物一样是气体或液体，并可以同反应物形成均匀的混合物，这种催化剂被称为“均相催化剂”。它们可以耗费更少的能量形成活化络合物，使得反应速率提高。

非均相催化剂（也叫“多相催化剂”）是指催化剂和反应物呈现不同的相态，比如，催化剂是固体形态（固相），而反应物是液体或气体形态（液相或气相）。汽车催化转换器中常用贵金属铂和铑作为非均相催化剂，以提高汽车燃油效率，并分解废气中的有毒气体。例如，一氧化氮（NO）是汽车尾气中造成空气污染的气体之一，一氧化氮分子在遇到催化转换器中的金属催化剂时，会被“吸附”，或者说它们会附着在催化剂表面，然后在金属催化剂的帮助下分解成单个的氮（N）原子和氧（O）原子。氮原子和氧原子相互靠近，然后结合成氮气（N_2）分子和氧气（O_2）分子，而发生这些

在荷兰的这家啤酒厂中，酒精是通过酵母使混合物中的天然糖分发酵产生的。

催化反应的催化剂表面位置，就被称为“活性位点”，化学方程式如下：

$$2NO = N_2 + O_2$$

在催化转换器中发生的另一个反应是将氧气和有毒的一氧化碳（CO）结合生成二氧化碳（CO_2），这样排放的尾气就不会污染大气，化学方程式如下：

$$2CO + O_2 = 2CO_2$$

催化剂还可以帮助废气中残存的微量燃料完全燃烧。例如，尾气中的辛烷（C_8H_{18}）充分燃烧后形成二氧化碳和水：

$$2C_8H_{18} + 25O_2 = 16CO_2 + 18H_2O$$

从这个反应中可以看到，两个辛烷分子要与不少于25个氧气分子发生反应，这个反应在催化转换器中经历一长串的步骤，每个步骤中的氧分子都会与前一个步骤中形成的部分燃料分子接触并燃烧，直到燃料被彻底消耗完为止，这就有效减少了污染。

酶

催化剂最特别的例子是存在于生物体

催化转换器

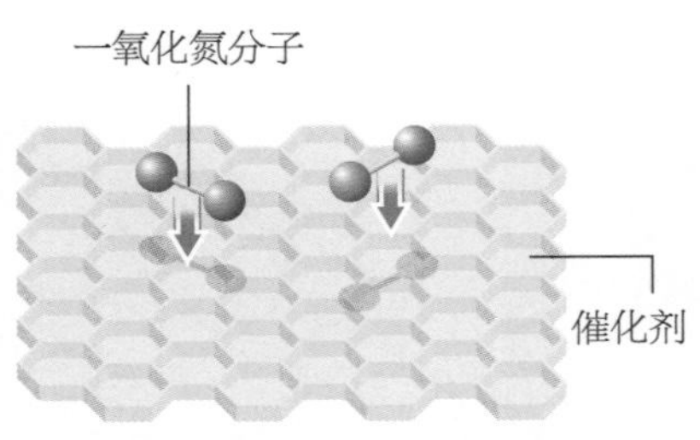

1. 在催化转换器中，一氧化氮分子附着在催化剂表面。

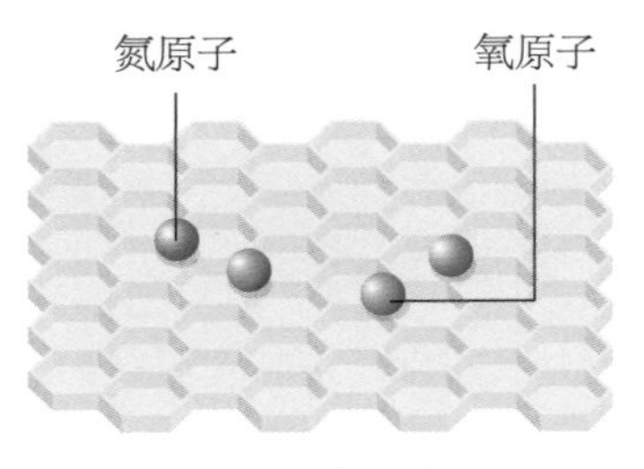

2. 一氧化氮分子被分解成氮原子和氧原子。

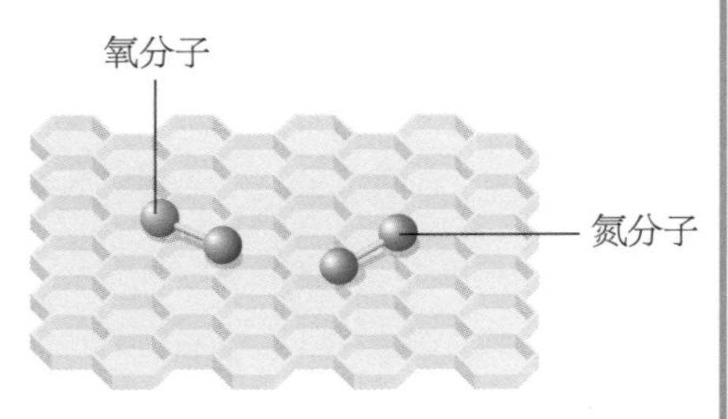

3. 氮原子和氧原子分别结合，形成氮气分子和氧气分子。

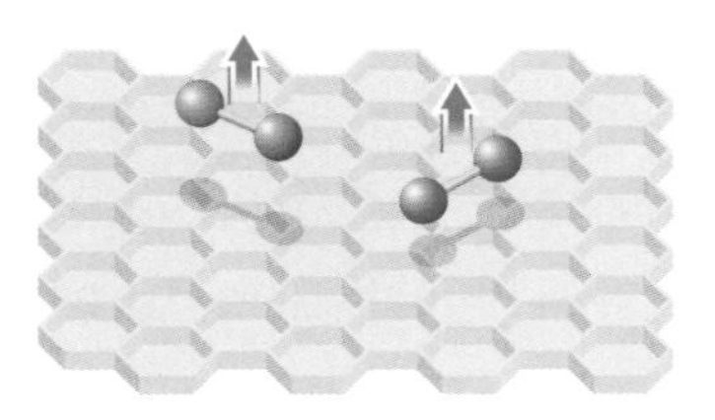

4. 新生成的气体分子外排。

它是如何工作的

在汽车催化转换器内，发动机尾气通过一个涂有催化剂铂和铑的网状物。这些催化剂将尾气中的有害气体，如氮氧化物、碳氢化合物和一氧化碳，转变成其他气体，如二氧化碳、水和氮气。

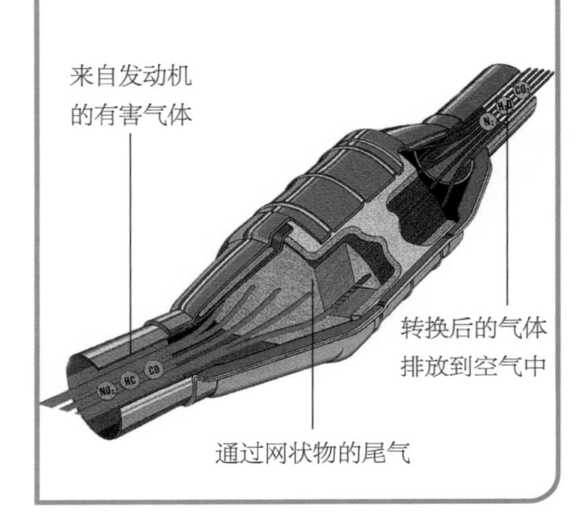

内被称为“酶”的东西。酶是一种蛋白质，和其他蛋白质一样，也是由多种氨基酸分子组合构成的。

酶可以帮助人体分解食物，消灭有害分子，重新构建人体所需的分子，以及做许多其他事情。酶的作用非常具有针对性：每种酶都针对特定的分子，只对特定的反应起作用。

例如，淀粉酶是存在于人类唾液中的一种消化酶，它可以将淀粉分解成麦芽糖（一种由两个葡萄糖分子连在一起形成的糖）。血液中发现的过氧化氢酶，可以将人体内因自然积聚的有害过氧化氢（H_2O_2）分解成氧气和水。过氧化氢有时也被用作皮肤伤口的消毒剂：添加酶会使其剧烈地冒泡。

计算机生成的嘌呤核苷磷酸化酶模型，该酶用于设计抗癌和免疫抑制剂药物。

糖、酶和牛奶

食物通常含有复杂的糖，它们都是由简单的糖（如葡萄糖）构成的，人体需要从食物中获取这些糖。例如，人和牛分泌的乳汁中都含有葡萄糖与另一种单糖——半乳糖结合在一起形成的乳糖，人体内的乳糖酶可以将这些乳糖分解为葡萄糖和半乳糖分子。

有些人自身难以制造足够多的乳糖酶来分解乳糖，他们喝牛奶后，就会感到不适，产生所谓的乳糖不耐症。这种现象很普遍：许多人在童年时能消化牛奶，可成年后就变得乳糖不耐受了。

酶是如何工作的

酶是通过所谓的“锁钥机制”来工作的。每个酶分子上都有一个特定的位置，类似于“锁”，而某些特定反应物的分子如同“钥匙”：只有这些分子的“钥匙”才能与酶的“锁”相配，这个特定的位置就被称为“活性位点”。

这些“钥匙”分子被称为“底物”。当一个酶催化一个化学反应时，酶分子与各种反应物分子接触。只有遇到活性位点的底物分子才会吸附到酶的表面。在分解反应中，酶帮助吸附在其表面的底物分子链分开，然后这些分子分解，最后这些分解的部分同酶分子进行分离。

在两个底物结合的反应中，其中一个底物分子首先到达酶的活性位点并附着在那里，随后第二个底物的分子也被吸附到酶的活性位点上，当这两个底物分子聚集在一起后，它们在酶的作用下发生反应，形成最终的生成物，最后与酶分离。

工业中的酶

每个生物体都离不开酶，科学家和工程师在工业和先进工艺中发现了酶的更广泛

科学词汇

活性位点： 酶或其他催化剂上能够使反应物附着并发生反应的地方。

吸附： 分子附着于表面的过程。

酶： 一种作为催化剂的生物蛋白质。

抑制剂： 一种可以减缓化学反应，但本身并不会被消耗的物质，也被称为“负催化剂”。

蛋白质： 由被称为“氨基酸”的有机化合物组成的大分子物质。

底物： 能够与特定酶作用的物质分子。

形成葡萄糖

麦芽糖酶可以将麦芽糖分解成葡萄糖。（1）一个麦芽糖分子接近酶；（2）麦芽糖分子附着在酶的活性位点上；（3）反应后形成新的葡萄糖分子。

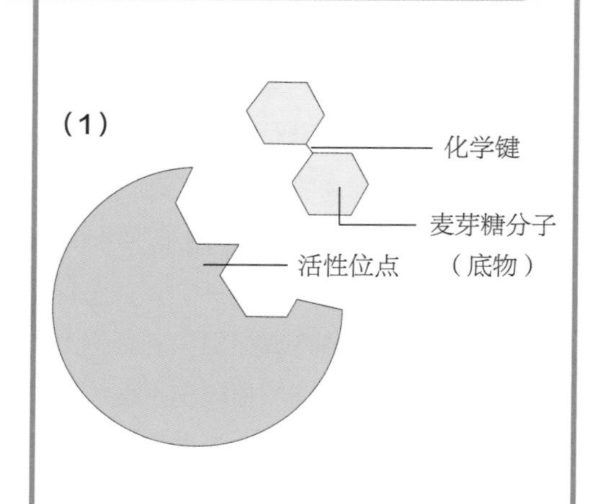

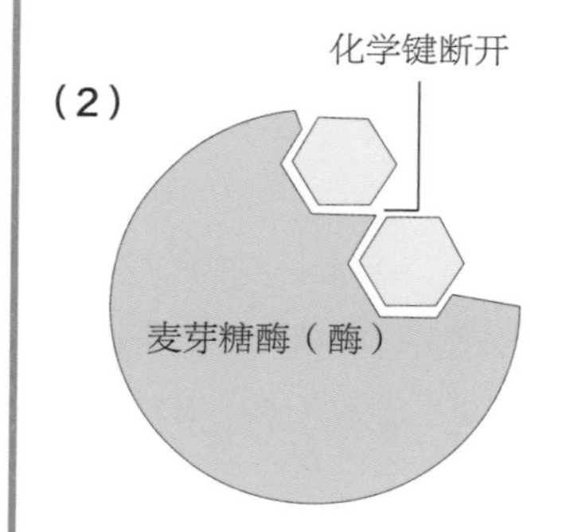

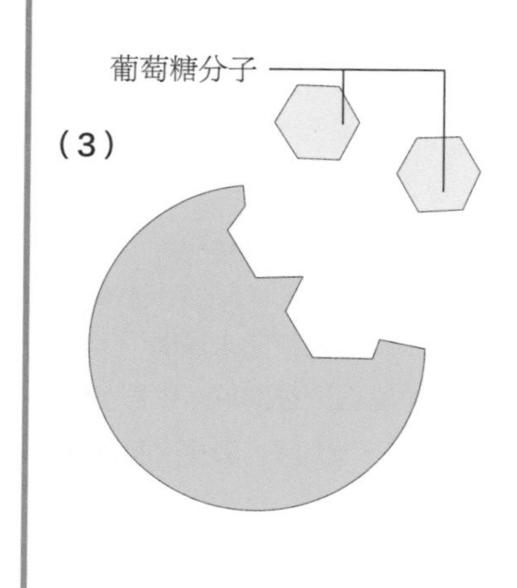

用途。例如，酶现在被用来制造洗衣粉、食品、化妆品和药品。工业中使用酶作为催化剂是因为它们可以使反应不必在高温或高压下发生，而可以在温和的条件下发生，同时与工业中常使用的极其昂贵的贵金属作为催化剂相比，酶作为催化剂的成本会低很多。

一个令人兴奋的可能性是，酶可能成为纳米技术的一个重要组成部分。在纳米技术中，机器是在分子尺度上建造的，目前已经建造了“DNA 计算机”，它可以使用酶并能在试管中进行计算。一些研究人员认为，未来微小的酶和“DNA 计算机”可以被嵌入我们的身体中，以随时监测我们的健康状况并释放药物来修复我们受损或不健康的组织。

不能太热，也不能太冷

如果温度过高或过低，酶的活性就会降低或被破坏。恒温的哺乳动物可以控制其体温，使其体内的酶时刻保持活性。冷血动物，如爬行动物（并不是说它们的血是冷的），为了让体内的酶稳定有效地发挥作用，必须通过肌肉活动产生热量，或根据需要移动到阳光下或阴凉处来保持合适的体温。

一只鬣蜥在温暖的岩石上晒太阳。这有助于它保持体温以促进体内酶的活动。

试一试

测试牛奶中含有的葡萄糖

1. 将半杯水倒入烧杯或玻璃杯中，再加入一勺葡萄糖并搅拌均匀，然后将葡萄糖试纸（可在药店购买）浸入上述溶液中。将试纸上的颜色与试纸包装内的标准比色板相比较，找出溶液中的葡萄糖含量，并记下结果。

将试纸上的颜色与标准比色板上的颜色比较，就可以知道每个烧杯中葡萄糖的含量。

2. 接下来，将一些豆浆放入新的烧杯或玻璃杯中，重新测试并记下结果。再将一些牛奶放入新的烧杯或玻璃杯中，重新测试并记下结果。最后，在新的烧杯或玻璃杯中倒入牛奶并加入几滴乳糖酶（一种可在药店买到的酶），搅拌一下，重新测试并记下结果。

3. 比较一下上述结果，看看哪种液体的葡萄糖含量最高，哪种最低？当你向牛奶中加入乳糖酶时，葡萄糖含量有什么变化？

你会发现，牛奶中几乎没有葡萄糖（比葡萄糖和水的混合物中的葡萄糖要少得多）。这是因为普通牛奶中几乎不含葡萄糖，它的糖是以乳糖形式存在的，当加入乳糖酶后，乳糖会分解为葡萄糖和半乳糖，因此，牛奶和乳糖酶的混合物中的葡萄糖应该比单独的牛奶中的多，而豆浆中也没有葡萄糖存在。

化学反应可以产生电力。反应的电子被驱动着向一个方向流动，从而产生电流，产生的电流可以为机器提供动力。

电化学利用氧化还原反应来产生电力。请记住，电子从一种化合物移动到另一种化合物上时，就会发生氧化还原反应。在电化学中，氧化还原反应中交换的电子被驱动着从一个地方移动到另一个地方，这些移动的带电粒子就产生了电流。

氧化还原反应是氧化反应和还原反应的简称，它代表了两个过程的反应：氧化反应是失去电子的过程，还原反应是获得电子的过程。化学家使用一种叫作“伏打电池”（又叫“伏打电堆”）的东西来利用这种反应产生的电力。伏打电池是以亚历山德罗·伏打（1745—1827）的名字命名的，他是一位意大利伯爵，于1799年发明了这种电池。我们现在常用的测量电流强度的单位伏特（V），也是为了纪念他而命名的。

伏打电池

伏打电池类似于一个泵，它驱动电子从一个地方移动到另一个地方。我们可以使用U形管连接两瓶化学溶液来构造一个简单的伏打电池，其中一个溶液里发生还原反应，另一个溶液里发生氧化反应，电子通过U形管在这两瓶溶液之间移动。

每个容器里都有一根叫作“电极”的金属棒。金属是良好的电导体，因为它们内部有许多自由移动的电子，金属电极作为电

干电池

手电筒中使用的干电池是一种以氯化铵的糊状物为电解质的勒克兰谢电池。

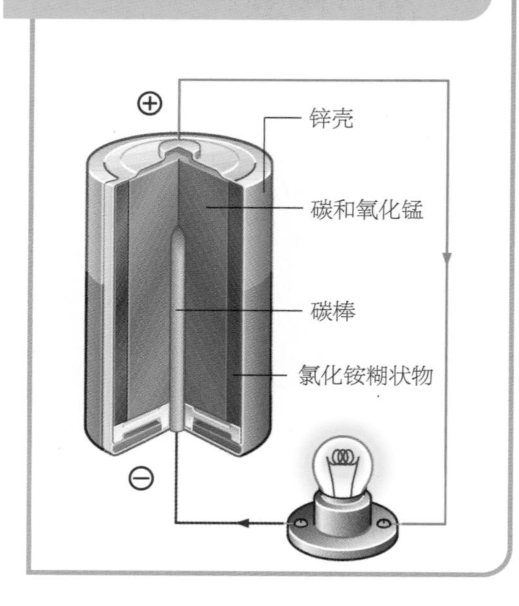

这里所示的干电池含有化学物质，它们通过化学反应产生电流。

子的储存罐，一旦用电线相互连接，就可以在需要时传递电流。获得电子的电极被称为“阴极”，这是发生还原反应的地方。失去电子的电极被称为“阳极”，这是发生氧化反应的地方。电极浸泡在含有氧化还原反应的反应物的液体中。

在还原反应中，反应物从阳极获得电子，然后在阳极表面形成生成物。通过这种方式，阳极不断向反应物提供电子。在阴极，情况正好相反，反应物不断失去电子被氧化，然后在阴极表面形成生成物。

电子通过电极之间的导线移动，由于电子带负电荷，因此它们从负的阴极流向正的阳极。电流是具有能量的，这种能量可以沿着电线传输，为机器运行提供动力。伏打电池可以在氧化还原反应中使用许多不同类型的化学物质，最常使用的是锌和二氧化锰。在氧化还原反应中，纯锌被氧化成氢氧化锌并释放电子，二氧化锰被还原成三氧化锰并获得电子。

试一试

水果发电

你可以用柑橘类水果（如柠檬）制作一个伏打电池。在桌面上按压和滚动一个柠檬，使柠檬内产生果汁，将一根铜线插入柠檬的侧面 2.5 厘米深，这是你的阴极。然后，在铜线的旁边将一个拉直的回形针也插入柠檬中 2.5 厘米深，这是你的阳极。注意，两者不要发生接触。这时，可以用你的舌头同时接触阴极和阳极，你有什么感觉？电池内的反应会释放出电子，电子在你的舌头上移动，你应该会感觉到轻微的刺痛，但不会很痛。

电池

现代使用的电池是一种便携式伏打电池，这些电池有许多形状、大小和功率，但它们都是通过储存化学能并通过氧化还原反应将其转化为电能来工作的。

所有电池都包含一个阳极（扁平的负极）和一个阴极（凸起的正极）。电极之间不再通过U形管连接，而通过被称为“电解质”的化学物质混合物连接。电解质中的原子在获得或失去电子时会形成离子，这使得原子能够携带电荷，正离子失去了电子，而负离子获得了电子，离子携带着电荷流经电解质。

当电池放在桌子上时，电池内部没有发生氧化还原反应，因为没有任何东西连接阳极和阴极。当你把电池放进一个设备（如手电筒）中时，阳极和阴极之间就会产生连接，这就形成了一个完整的电路。这时，电池内的氧化还原反应便开始了。电路是一个封闭路径，电子在其中流动，如果电路中断，电子就无法流动了。

电池内部开始发生氧化还原反应时，就会产生电力。电池中存储着一定数量的反应物，当反应物被消耗完时，人们就说电池“没电”了。由于反应物不能再生，因此电池将不再产生电力。

充电电池的工作原理与普通电池的一样，不同之处在于，当一个可充电电池没电后，人们可以将其插入电源插座中，插座中的电源将使得电池内的阳极和阴极反转，进而使得发电所需的反应物再生，这样电池就能再产生电力了。

电解池

电解池与伏打电池相反，伏打电池是使用氧化还原反应来产生电力的，而电解池则是使用电力来发生氧化还原反应的。电解是一个将电通过溶液，然后在电极上发生氧化还原反应生成物质的过程。“电解”这个词的意思是“用电分解”。比如，在电解水的过程中，水（H_2O）分子被分解成氢（H）原子和氧（O）原子，二者又分别结合成氢气（H_2）和氧气（O_2）。其化学方程式为：

$$2H_2O = 2H_2 + O_2$$

与所有的氧化还原反应一样，水的电解也分为两个部分。首先，水在阴极被还原，水分子接受电子，然后分解成氢气和氢氧根离子（OH^-）：

$$2H_2O + 2\text{个电子} = H_2 + 2OH^-$$

氢氧根离子留在水里，氢气在电极上形成气体逸出。在阳极，水被氧化，然后电子被水分子释放出来，生成氧气和氢离子（H^+）。

$$2H_2O = O_2 + 4H^+ + 4\text{个电子}$$

然后，氧气与氢气一样，也从阳极逸出，而电子沿着电线到达阴极，参与后续的水分子还原反应。

科学词汇

阳极：伏打电池中发生氧化反应的地方。
阴极：伏打电池中发生还原反应的地方。
电极：伏打电池中储存电子的地方。
电解质溶液：具有导电性的离子溶液。
电压：电子在电路中流动的动力源。

迈克尔·法拉第

英国化学家和物理学家迈克尔·法拉第（1791—1867）在电磁学和电化学方面做出了伟大的贡献。他出生于铁匠之家，从小通过阅读书籍和在实验室帮忙来学习化学。在他21岁的时候，他参加了汉弗莱·戴维（1778—1829）的电学演示，并受到启发。法拉第后来发现了电和磁之间的关系，并建立了电磁感应定律。到40岁时，他已经发明了电动机、变压器和发电机，并创造了电解质、电极、阳极和阴极这些科学词汇。

氢燃料电池

氢燃料电池通过氢气和氧气来产生电力。氢燃料电池与普通电池类似，但它的反应物来源与电池不同。电池的反应物储存在电池内部，由于电池内部空间有限，因此当电池内的反应物消耗完后，电池就会失效。而氢燃料电池的反应物储存在外部，使用时被泵入电池中，因此空间不再是限制电池的因素。在一个氢燃料电池中，氢气和氧气结合形成水，当氢气和氧气发生反应时，释放的能量被用来产生电力。氢燃料电池由于只产生水蒸气，不产生任何有害的污染，因此受到广泛关注。

电化学和金属

电解法是用来从化合物中提取纯金属（元素）的工艺。这种工艺与分解水的工艺相似。在自然界中，大多数金属是以化合物的形式存在的，电解法通常是提炼纯金属的唯一方法。它的工艺是将金属化合物溶解在溶液中或熔化制成电解质溶液，然后在电解质溶液中接通直流电。这时，电解质溶液中的金属正离子在阴极被还原并沉积在阴极板上，废料则沉积在阳极板上。

电镀是利用电解的原理在物体表面覆盖一层薄金属的过程。如果你买了一条便宜的金项链，那它很可能只是在表面覆盖了一层非常薄的黄金。

在电镀工艺中，待镀的物体作为阴极，用于镀层的贵重金属作为阳极，含镀层金属阳离子的溶液作电镀液，通过电解将阳极金属覆盖到阴极的待镀物体上。

试一试

硬币电池

你可以用 5 角钱硬币和 1 角钱硬币以及结实的纸巾和柠檬汁制作一个电池。将 5 角钱硬币作为阳极，将 1 角钱硬币作为阴极，将柠檬汁作为电解液，并用电流表来测量电流。

将纸巾剪成大约 10 个 2.5 cm × 2.5 cm 的方块，然后按照 1 角钱硬币、纸巾方块、5 角钱硬币的顺序，将纸巾和硬币堆起来，并将堆好的硬币浸入柠檬汁中，最上面一层的 5 角钱硬币为电池的正极，底端的 1 角钱硬币为负极，然后用电线将堆积好的“电池”正负极与电流表连接起来，这样你就可以看到产生了多少电流。如果电流表没有显示，你也可以尝试用盐水来代替柠檬水再进行该实验。

用 5 角钱硬币和 1 角钱硬币可以制成电池。其中，5 角钱硬币、1 角钱硬币和纸巾方块就是一个单电池单元，纸巾用来分隔阳极和阴极，电流通过电解质将整个单电池单元串联起来。

核反应

核反应是一种在由一种元素变成另一种元素的过程中释放出巨大能量的反应。化学家们一直致力于研究如何安全控制核反应来有效地利用其能量。

核反应是涉及原子核内粒子的反应。所有的化学反应只涉及原子核周围空间中的电子，没有一个影响到原子核本身。但是，核反应不同，它通过改变原子核内质子的数量来将一种元素变成另一种元素。

不稳定的元素

能够发生核反应的物质通常是被化学家描述为具有放射性的元素。这些放射性元素的原子核不稳定，特别是当与另一种粒子（如中子）碰撞时，极容易发生破裂。原子核中含有83个或更多质子的元素是最具放射性的元素。

这种不稳定性是因有太多质子挤在原子核里而导致的。质子是带正电荷的，所以它们不断地相互排斥，它们不会飞散是因为有一种更强大的力量将质子和中子固定在一起，这种只发生在原子核内，并且只在很小的距离内起作用的力被称为“强核力”。对于一个不稳定原子的原子核来说，强核力不足以使所有粒子始终聚集在一起，最终原子核会开始破裂或衰变。

放射性衰变发生时，原子核会放出微小的粒子，这些释放的粒子通常被称为“辐射”，分别以希腊字母α、β和γ命名。其中，α粒子含有两个质子和两个中子，β粒子只有一个电子，而γ射线是一种能量的发射。

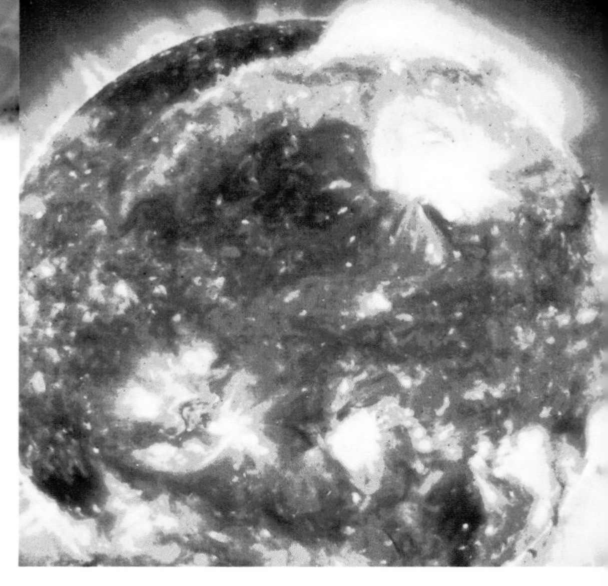

太阳的热量和光是由其中心的核反应产生的。

辐射

你对核反应的认识，也许是从辐射对健康的影响开始的。高剂量的辐射确实会损害活细胞，这会导致细胞死亡或引起危险的疾病。核辐射还会灼伤皮肤，就像太阳光导致皮肤被晒伤一样。辐射对于人体内的组织更危险，它会干扰细胞内的DNA分子，导致细胞变异不再正常工作，甚至会引起细胞非正常生长，最终扩展为肿瘤，即发生癌变。

核泄漏始终是建造核电站最大的安全隐患。辐射如果被释放到空气中，就会对该地区的生态造成严重破坏。例如，1986年乌克兰切尔诺贝利核电站的一个反应堆发生了爆炸，释放的辐射影响了附近超过20万人的生存，导致他们不得不被疏散。

核电站的另一个主要问题是如何处理产生的放射性核废料。由于这些核废料内部仍然存在着核反应，并且在1万年或更久的时间内还会不断释放危险的辐射，因此这些核废料必须被永久储存，并且确保数万年内不会泄露出来。虽然人们对安全储存核废料的成本感到担忧，但核电仍比其他能源生产方法产生的污染少。

核电站

核电站主要是利用核反应所释放的热量来发电的。首先，核反应产生的热量被用来加热水以产生蒸汽，产生的蒸汽推动大型涡轮机的风扇旋转，而涡轮机通过旋转带动发电机将动能转化为电能。

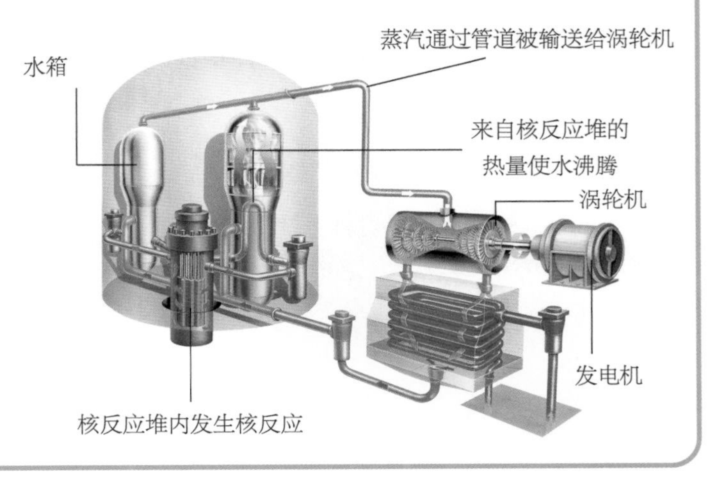

同位素

某些形式的元素比其他形式的同一元素更具放射性，这种同一原子的不同形式被称为“同位素”。原子中的质子数决定了它是什么元素，但同一元素的一些原子可能会具有不同数量的中子，这就构成了同一元素的不同同位素。由于一些同位素中的中子数量使得它们不能保持稳定状态，因此这些同位素更具放射性。

我们可以通过同位素的书写方式来更深入地了解它们的信息。化学家用两种方式书写同位素，第一种是$^{a}_{z}X$，其中，X是元素符号，z是原子序数，即原子核中的质子数，a是原子质量，即原子核中质子和中子数量的总和。从原子质量中减去原子序数，你就会得到该同位素的中子数。

这种对同位素详细表述的方式在实际应用中并不多见，化学家通常用另一种方式，即只用元素符号和原子质量来描述它们，如U-238（铀-238，或$^{238}_{92}U$）。一些同位素在开始衰变后，便无法停止。例如，U-238是铀的一种不稳定同位素，当开始衰变时，它会产生另一种不稳定的同位素——Th-234（钍-234），而Th-234会继续衰变为另外一种不稳定的同位素——Pa-234（镤-234）。这样持续产生不稳定同位素的衰变，直到经过14个不稳定的同位素步骤，形成一个稳定的原子，才会最终停止，这一过程被称为“放射性衰变”。这样的衰变在那些最不稳定的元素中时常会发生。

核裂变

另一种核反应被称为“核裂变”。当核裂变发生时，一个中子撞击一个原子核，将其分解成两个或更多具有较小质量原子核的新元素。一般来说，核裂变的化学方程式如下：

$$^{a}_{z}W + n = ^{a}_{z}X + ^{a}_{z}Y + n$$

元素W被一个中子（n）轰击，并产生两个新元素X和Y，以及更多的中子。和以前一样，数字（字母）a和z代表原子质量和原子序数，一个中子的原子质量是1，其原子序数是0。

化学反应在不同的元素之间建立了联系，而核裂变则创造了新的元素，同时核裂变还释放出大量的热量和一些中子。这些中子可以自由地轰击其他放射性元素的原子核，并引发更多的核裂变，这就形成了连锁反应。发电厂就是通过核反应堆控制着这些连锁反应，使得核反应产生的热量和辐射被缓慢和安全地释放的。

核聚变

核聚变与核裂变正好相反，在聚变过程中，两个质量较小的原子核结合成一个质量较大的原子核，并释放出大量的能量。核聚变需要大量的能量才能开始，一般情况下难以启动。

在现实中能够持续发生核聚变的地方就是太阳内部，太阳通过核聚变将氢原子变成氦原子，并释放出能量，照亮和温暖我们的星球。

在地球上，科学家们已经试验了从核聚变中产生能量的方法，但由于该反应需要巨大的能量来启动，因此不容易研究。目前正在建造聚变反应堆，以测试是否有可能从核聚变中释放出比启动反应所需的更多能量，如果实现了这一点，那么核聚变将会成为新的动力源。

能量

宇宙由物质和能量两个基本部分组成，它们在化学反应中相互作用。在核反应中，物质和能量仍然是存在的，而且是重要的，但遵循与化学反应不同的规则。在核反应中，物质会从一种元素转变为另一种元素。

然而，物质也可以被改变成能量。核反应会释放出大量的能量，这是因为原子核

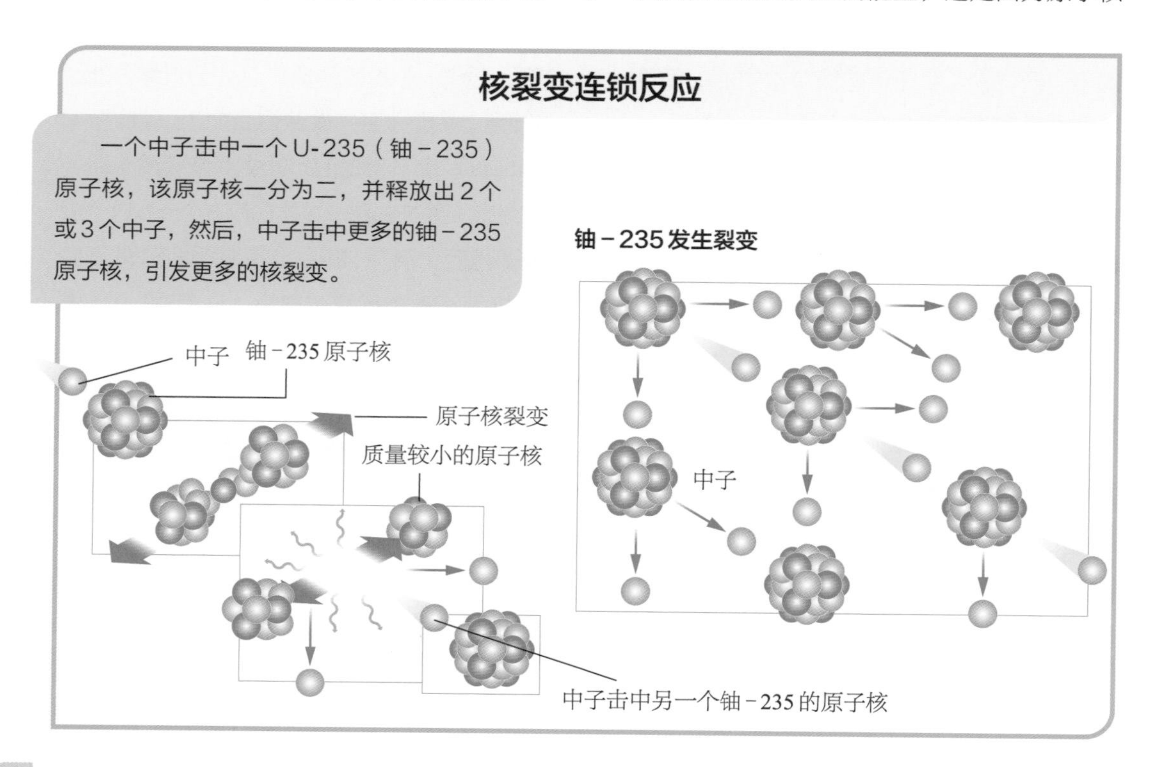

太阳内部的核聚变

核聚变是太阳的动力所在。在太阳内部，氢的两个放射性同位素——氘和氚，通过核聚变融合成一个氦原子。正常的氢（H）原子的原子核中有一个质子，氘（H-2）原子的原子核内有一个质子和一个中子，而氚（H-3）原子的原子核中则有一个质子和两个中子，它们在极端压力下被挤压在一起，产生一个氦同位素、一个中子，同时释放出巨大的能量。

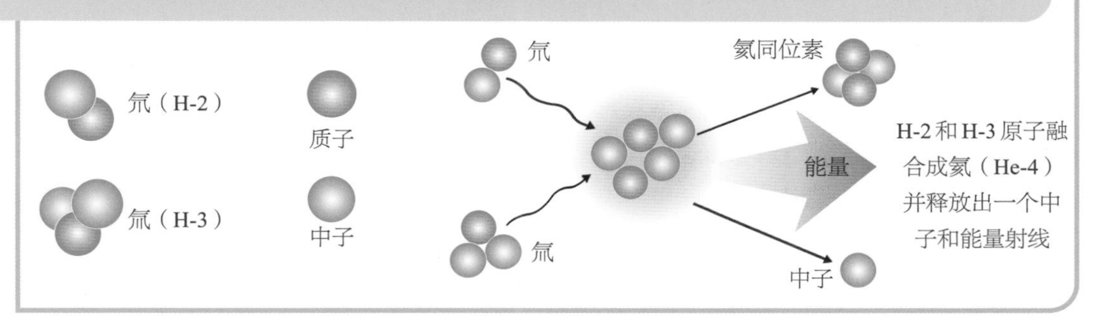

中的一些物质被转化成了能量。化学家只要知道核反应中涉及的物质质量，就可以通过著名的方程式 $E=mc^2$ 计算出转化而来的能量。在这个公式中，E 是能量，m 是质量，而 c 是光速。

这个方程是由伟大的德裔美国科学家阿尔伯特·爱因斯坦（1879—1955）提出的。由于光速是一个巨大的数字，因此，少量的质量就可以产生巨大的能量。

核反应式的平衡

为了配平一个化学方程式，你要计算原子的数量。而要配平一个核反应式，则要计算亚原子粒子的数量，确保左边所有粒子的数量之和等于右边所有粒子的数量之和。在核反应中，没有一种元素会结合成化合物，相反，一种元素会变成另一种元素。

例如，铀-235原子核被一个中子（n）击中时，会发生核裂变，铀-235分解成两个质量较小的元素，即钡（Ba-142）和氪（Kr-91）。

$$^{235}_{92}\mathrm{U} + ^{1}_{0}\mathrm{n} = ^{142}_{56}\mathrm{Ba} + ^{91}_{36}\mathrm{Kr} + 3^{1}_{0}\mathrm{n}$$

在这个式子中，反应物中的粒子数（235+1）与生成物中的粒子数（142+91+3）相等，因此核反应式是平衡的。

科学词汇

原子序数： 原子核中质子的数量。

裂变： 一个重原子分解成两个质量较小的原子的过程。

聚变： 质量较小的原子融合成一个重原子的过程。

半衰期： 一个样本内其同位素衰变至原来数量的一半所需的时间。

同位素： 具有不同中子数的同一元素的原子，许多同位素具有放射性。

放射性衰变： 质量较小的粒子从不稳定的原子核中分离出来的过程。

Books

Atkins, P. W. *The Periodic Kingdom: A Journey into the Land of Chemical Elements*. New York, NY: Barnes & Noble Books, 2007.

Berg, J. *Biochemistry*. New York, NY: W. H. Freeman, 2006.

Brown, T. E. et al. *Chemistry: The Central Science*. Englewood Cliffs, NJ: Prentice Hall, 2008.

Burrows, A. and Holman, J. *Chemistry³: Introducing Inorganic, Organic and Physical Chemistry*. Oxford: Oxford University Press, 2017.

Cobb, C., and Fetterolf, M. L. *The Joy of Chemistry: The Amazing Science of Familiar Things*. Amherst, NY: Prometheus Books, 2010.

Dean, J. and Holmes, D. A. *Practical Skills in Chemistry*. London: The Royal Society of Chemistry, 2018.

Davis, M. et al. *Modern Chemistry*. New York, NY: Holt, 2008.

Gray, T. *Reactions: An Illustrated Exploration of Elements, Molecules, and Change in the Universe*. New York, NY: Black Dog and Leventhal Publishers, 2017.

Khomtchouk, B. B., McMahon P. E., and Wahlestedt C. *Survival Guide to Organic Chemistry*. Boca Raton, FL: CRC Press, 2017.

Lehninger, A., Cox, M., and Nelson, *D. Lehninger's Principles of Biochemistry*. New York, NY: W. H. Freeman, 2008.

Oxlade, C. *Elements and Compounds (Chemicals in Action)*. Chicago, IL: Heinemann, 2008.

Saunders, N. *Fluorine and the Halogens*. Chicago, IL: Heinemann Library, 2005.

Wilbraham, A., et al. *Chemistry*. New York, NY: Prentice Hall (Pearson Education), 2001.

Woodford, C., and Clowes, M. *Routes of Science: Atoms and Molecules*. San Diego, CA: Blackbirch Press, 2004.